ENCYCLOPÉDIE-RORET.

SAPEUR-POMPIER

ou

THÉORIE

sur

L'EXTINCTION DES INCENDIES.

AVIS.

Le mérite des ouvrages de l'*Encyclopédie-Roret* leur a valu les honneurs de la traduction, de l'imitation et de la contrefaçon. Pour distinguer ce volume, il porte la signature de l'Editeur.

EN VENTE CHEZ **RORET**, LIBRAIRE :

ATLAS composé de 50 planches, faisant connaître les machines que l'on emploie dans le service du Sapeur-Pompier, la disposition pour attaquer les feux, les positions des sapeurs dans toutes les manœuvres, etc.   6 fr.

MANUELS-RORET.

NOUVEAU MANUEL COMPLET

DU

SAPEUR-POMPIER

OU

THÉORIE

SUR

L'EXTINCTION DES INCENDIES,

Par M. le Ch^r **Gustave PAULIN**,

Colonel du génie en retraite, ex-commandant des Sapeurs-Pompiers de Paris,
Officier de la Légion-d'Honneur, chevalier de Saint-Louis; Commandeur
des Ordres de Saint-Anne et de Saint-Stanislas de Russie; Chevalier
de l'Ordre de l'Epée de Suède et de Saint-Michel de Bavière,
Couronné par l'Académie (grand prix Montyon).

NOUVELLE ÉDITION,

Rectifiée et beaucoup augmentée.

PARIS,

A LA LIBRAIRIE ENCYCLOPÉDIQUE DE RORET,

RUE HAUTEFEUILLE, 12.

1850.

AVANT-PROPOS.

Le corps des Sapeurs-Pompiers de Paris est un corps d'élite, et cela ne peut être autrement. En effet, lorsque les sapeurs arrivent dans un lieu incendié, ils sont maîtres des localités, tous les objets précieux restent à leur disposition et sous leur garde; il faut donc, avant tout, qu'ils soient parfaitement honnêtes; aussi existe-t-il fort peu d'exemples que des hommes de ce corps aient été punis pour infidélité.

Ils doivent être intelligents, car leur métier ne consiste pas à agir comme de simples machines; ils doivent opérer avec discernement pour exécuter avec fruit les ordres qui leur sont donnés par leurs chefs, desquels dépend le succès des opérations dont ils sont chargés.

Ils doivent être sages, parce qu'une conduite déréglée, l'ivrognerie, la passion du jeu et la fréquentation des mauvais lieux, peuvent les porter à faire plus de dépenses que leur solde ne leur permettrait; qu'ils auraient alors besoin de se procurer de l'argent, et que, par suite, ils pourraient être tentés de soustraire les objets précieux qui se trouveraient abandonnés dans le local incendié qui leur est confié.

Ils doivent être ouvriers d'arts, maçons, charpentiers, couvreurs, plombiers, parce que les hommes de ces professions ont déjà l'habitude de parcourir les lieux élevés sans être effrayés, et d'agir sur ces points; qu'ils sont plus adroits et connaissent la construction des bâtiments.

Ils doivent savoir lire et écrire, afin de pouvoir s'instruire sur les théories qui leur sont données dans les livres, et pouvoir faire, au besoin, un rapport sur ce qu'ils ont remarqué dans un incendie.

Ils doivent avoir une taille moyenne, parce que c'est dans cette classe d'hommes qu'on trouve une constitution robuste et en même temps agile, qui leur permet de faire de la gymnastique et de pouvoir agir ainsi, avec peu de danger, dans des opérations où leur vie serait compromise, s'ils n'avaient une grande habitude de travailler sur des points élevés, isolés et qui présentent peu de sécurité.

Aussi exige-t-on, pour être reçu dans ce corps, toutes les conditions suivantes :

Pas de punitions dans le corps d'où l'homme est tiré ;
Savoir lire et écrire ;
Avoir un pouce de taille au moins ;
Etre ouvrier en bâtiment.

Les Sapeurs-Pompiers de Paris portent la grenade et l'épaulette de grenadiers ; ils ont 70 centimes de poche, ils sont militaires dans toute la force de l'acception, et sont soumis aux mêmes règles que l'armée, tant pour la discipline que pour les récompenses ; ils sont casernés. On récompense les militaires qui se conduisent bien dans leurs corps en les faisant passer dans le corps des Sapeurs-Pompiers.

Il arrive souvent que des sous-officiers des corps de l'armée s'enrôlent dans les Sapeurs-Pompiers, mais comme simples soldats, parce que nul ne peut y être admis avec son grade, à moins qu'il n'y entre comme officier, parce qu'il faut que les sous-officiers qui dirigent les sapeurs dans un incendie, aient exercé comme simples soldats et aient les connaissances requises pour leur métier.

Les officiers qui y arrivent des autres corps sont choisis de préférence dans le génie et dans l'artillerie

Le commandant, depuis 1814, a toujours été pris parmi les officiers du génie, à cause de leurs connaissances en bâtiment et en machines, et de leur instruction spéciale.

INTRODUCTION.

Pour qu'un corps puisse brûler, il faut qu'il soit en contact avec l'air; si l'on empêche ce contact, le corps enflammé s'éteindra. Il suffira donc, pour obtenir ce dernier effet, d'interposer une substance quelconque entre le corps en combustion et l'air.

Il est aisé de comprendre que plus les molécules de cette substance seront divisées, plus le contact avec le corps embrasé sera immédiat, et par conséquent plus elle sera favorable à l'extinction du feu.

Les liquides étant de tous les corps ceux dont les molécules sont les plus divisées, sont aussi ceux qui peuvent le mieux remplir le but qu'on se propose; et de tous les liquides, l'eau étant le plus abondant, le plus commun et le moins cher, c'est celui dont on se sert ordinairement.

On emploie, dans certaines circonstances, et avec plus d'avantage, le fumier, la terre, lorsqu'on en a, et cela lorsqu'il s'agit d'éteindre le feu mis à des essences ou à des corps huileux.

L'eau qu'on jette sur le feu ne doit pas être divisée,

sans quoi on activerait la combustion, au lieu de la réprimer. Il faut que la masse de liquide soit compacte, pour que le feu ne puisse la volatiliser facilement, et donner ainsi un aliment à la combustion; qu'elle soit lancée avec force pour séparer les charbons.

Nous venons de dire que pour éteindre les incendies, on emploie généralement de l'eau qu'on projette en grande quantité et avec force sur le feu. L'instrument dont on se sert s'appelle *pompe foulante*.

Nous verrons plus tard quelles sont les parties qui composent une pompe à incendie, et la manière dont on se sert de cette machine dans les diverses circonstances qui se présentent.

Nota. Les dissolutions salines ont la propriété de retarder le dégagement de la flamme dans les corps qui en sont humectés; on pourrait donc, dans certains cas, se servir de ce moyen pour empêcher le développement instantané de l'incendie; mais généralement la grande quantité d'eau dont on a besoin, et les difficultés qu'on éprouverait à avoir continuellement des dissolutions salines toutes prêtes, font qu'on ne se sert pas de ce moyen. Il vient d'être prescrit, pour les portants de lumières et les toiles de décors des spectacles, depuis le feu de la Gaîté, que toutes ces parties seraient humectées avec des dissolutions salines.

NOUVEAU MANUEL COMPLET

DU

SAPEUR-POMPIER

OU

THÉORIE

SUR

L'EXTINCTION DES INCENDIES.

———◦◦◦◦◉◦◦◦◦———

HISTORIQUE

DU CORPS DES SAPEURS-POMPIERS DE PARIS, D'APRÈS LES NOTES PRISES PAR M. LE CAPITAINE LEDOUX, A LA BIBLIOTHÈQUE NATIONALE, ET LES RENSEIGNEMENTS FOURNIS PAR LES ARCHIVES DU CORPS;

Par M. LE LIEUTENANT-COLONEL PAULIN.

Avant 1669, on ne se servait pas de pompes pour éteindre les incendies ; on lançait l'eau sur les édifices enflammés avec des seaux, et on faisait immédiatement la part du feu en isolant le bâtiment incendié de tout ce qui l'avoisinait ; on se servait aussi de perches à crocs, d'échelles ordinaires et de cordes.

Le dépôt général de tous ces objets était à l'Hôtel-de-Ville;

deux dépôts particuliers étaient, dans la ville, chez des notables.

Lorsqu'un feu se manifestait, on sonnait le tocsin; tous les ouvriers en bâtiment étaient obligés de prêter secours sous peine d'amende; ils arrivaient munis de leurs outils, et étaient dirigés par les magistrats. Les capucins étaient spécialement chargés de donner des soins aux blessés, et de veiller à ce qu'il ne fût rien dérobé. La troupe maintenait l'ordre.

En 1699, sous le lieutenant de police d'Argenson, M. Dumourier Duperrier, noble provençal, qui avait vu des pompes en Hollande et en Allemagne, obtint de Louis XIV le privilège d'en faire confectionner et de les vendre : elles étaient montées sur quatre roues ; il obtint ce privilège pour trente années.

Le roi en donna douze à la ville de Paris.

Ces pompes, servies par les ouvriers de M. Dumourier Duperrier, furent employées avec succès dans plusieurs incendies.

A cette époque il fut établi, avec autorisation de la police, que les incendiés paieraient une somme pour les secours qu'ils recevraient, et un tarif fut établi à cet effet.

Le 12 janvier 1705, la ville posséda vingt pompes, une pour chaque quartier. M. Dumourier Duperrier s'engagea à les entretenir pendant trois ans et à les faire servir à l'extinction des incendies, en fournissant le personnel , moyennant la somme de 40,000 livres.

Le 23 février 1716 , par ordonnance de Louis XV, M. Dumourier Duperrier fut nommé directeur des pompes ; on lui accorda un fonds de 6,000 livres pour l'entretien de seize pompes et de trente-deux hommes pour les manœuvrer ; on lui donna seize gardiens payés 100 livres par an chacun, et seize sous-gardiens payés 50 livres.

Ces pompes étaient éprouvées tous les mois en présence du lieutenant de police et du prévôt des marchands.

Le 28 avril 1718, le feu prit au Petit-Pont, et fut sur le point d'envahir l'Hôtel-Dieu.

A cette époque, les pompes étaient déposées dans les établissements religieux; et lorsque le feu éclatait, on allait prévenir les garde-pompes qui se rendaient dans ces établissements pour y prendre le matériel.

Le 22 août 1719, le privilège du sieur Dumourier Duperrier fut continué, et le fonds d'entretien fut porté à 8,000 livres par an. La même année, le sieur Nicolas Dumourier, fils du précédent, obtint la survivance de son père.

Le 17 avril 1722, le nombre des pompes à incendie fut porté à trente. M. Dumourier reçut une somme de 40,000 livres pour l'augmentation et le paiement du matériel, plus 20,000 livres pour l'entretien de ce matériel et d'un personnel de soixante hommes exercés. Ces hommes recevaient un habit tous les trois ans et une somme annuelle de 100 livres.

Les garde-pompes ne faisaient qu'un service de nuit et à tour de rôle. Des détachements suivaient le roi dans ses voyages et recevaient alors un supplément de solde. Ils résidaient aussi dans les châteaux royaux.

Le directeur des pompes habitait rue Mazarine, en face la porte des Quatre-Nations. Sur l'entrée de sa demeure, était un écriteau portant : *Pompes publiques du Roi pour remédier aux incendies, sans qu'on soit tenu de payer.*

Des placards, placés tous les six mois aux frais du directeur-général, faisaient connaître les lieux où étaient déposées les pompes et la demeure des gardiens.

Outre ces secours, il y avait encore à l'Hôtel-de-Ville des pompes et agrès appartenant à des particuliers.

En 1737, le feu prit à l'Hôtel-Dieu et fut désastreux.

Le 27 octobre 1837, un incendie s'étant déclaré à la

Chambre des comptes, les gardes-françaises et les gardes-suisses furent employées pour la première fois au service des pompes.

En 1746, le feu prit aux maisons du Pont-au-Change.

En 1747, la compagnie des garde-pompes fut portée à soixante hommes, et composée ainsi qu'il suit :

Huit brigadiers, neuf sous-brigadiers, quinze gardes, vingt-deux sous-gardes, six inspecteurs.

Il y eut aussi vingt-cinq dépôts, renfermant chacun une pompe et ses agrès.

Dans l'origine, les garde-pompes portaient un chapeau de feutre couvert d'un tissu en fil-de-fer, avec visière relevée ; plus tard, ce fil-de-fer fut remplacé par une calotte en fer et une plaque de même métal sur le devant.

En 1756, M. Duperrier, premier entrepreneur, fut nommé chevalier de Saint-Louis; M. Duperrier, son frère, fut nommé lieutenant de la compagnie.

En 1757, l'uniforme était : un chapeau comme nous l'avons dit ci-dessus, un petit habit bleu foncé avec des boutons blancs.

Le 15 août 1760, M. Morat succéda, par ordre du roi, à MM. Duperrier, en payant à ces derniers une somme annuelle de 5,000 livres. A la même époque, et à la suite de plusieurs incendies où des pompiers furent grièvement blessés, l'Hôtel des Invalides fut ouvert aux soldats de ce corps.

Les dépenses de la compagnie des garde-pompes étaient payées par le trésor, sur le visa dû lieutenant-général de police.

En 1760, le feu prit aux baraques de la foire Saint-Germain ; l'incendie fut très-considérable.

Le 6 avril 1763, le feu prit à l'Opéra.

En 1764, la compagnie fut portée à quatre-vingts hommes,

et l'on créa six corps-de-garde. L'hôtel du directeur était rue de la Jussienne.

En 1765, le nombre des corps-de-garde fut porté à dix, mais on ne faisait encore à cette époque qu'un service de nuit.

Le chapeau en cuir et en fer fut remplacé par un casque en cuivre.

En 1766, il y eut douze corps-de-garde et deux dépôts d'eau, éclairés chacun par une lanterne; les gardes-françaises et les gardes-suisses furent mises aux ordres du directeur-général des pompes.

En 1767, la compagnie fut portée à 108 hommes, trois de service dans chaque corps-de-garde, ce qui faisait 36 hommes par jour; les pompiers montaient la garde tous les trois jours, et les gardes étaient de vingt-quatre heures.

En 1768, outre les douze corps-de-garde, il y eut quatorze dépôts de pompes et huit dépôts de voitures à eau, servis chacun par deux garde-pompes.

En 1769, le nombre des corps-de-garde fut porté à seize.

En 1770, l'effectif de la compagnie fut porté à 146 hommes soldés, et 14 surnuméraires : elle fut composée ainsi qu'il suit :

2 chefs de brigade à.	500 fr.	l'un.
16 brigadiers à.	400	id.
16 sous-brigadiers à.	300	id.
16 appointés à.	250	id.
96 gardes à.	200	id.

146

L'uniforme était en drap bleu, doublé en serge bleue, collet de panne noire, épaulettes jaunes; boutons en cuivre, un casque.

Les garde-pompes étaient habillés tous les trois ans, et payés tous les trois mois.

Pour l'entretien du corps, M. Morat recevait 70,000 francs par an.

Il fut attaché à la compagnie un chirurgien-major, nommé Arnaud ; il eut 1,000 francs d'appointements.

Le nombre des corps-de-garde fut porté à seize, celui des dépôts d'eau à douze, et celui des pompes resta de trente, comme en 1722.

Le feu prit à l'Hôtel-Dieu : M. Ledoux fut fait sous-brigadier en récompense de sa bonne conduite en cette circonstance.

En 1773, M. Morat reçut l'Ordre de Saint-Michel, et fut dispensé de continuer à payer à M. Duperrier la pension de 5,000 francs.

En 1776, le feu prit au Palais-de-Justice : le roi porta à 78,000 francs la dépense de la compagnie des garde-pompes.

En 1777, M. Deville, ingénieur des ponts-et-chaussées, fut nommé lieutenant de la compagnie.

En 1779, M. Morat fut fait chevalier des ordres du Roi.

En 1780, il fut établi un dix-septième corps-de-garde, rue Vivienne.

En 1781, la salle de l'Opéra, au Palais-Royal, fut incendiée.

En 1783, il fut établi un dix-huitième corps-de-garde, rue du Faubourg-Montmartre.

En 1784, il fut établi un dix-neuvième corps-de-garde sur la place Vendôme.

En 1786, le corps des garde-pompes fut porté à 221 hommes, et les fonds affectés à la dépense furent élevés à 116,000 francs.

Le sieur Antoine Deville fut nommé directeur-général, et la solde fut portée :

Pour le lieutenant à. . . .	5,000 fr.	1
id.	sous-lieutenants. . .	1,500	2
id.	adjudants.	800	2
id.	brigadiers.	400	24
id.	sous-brigadiers. . .	300	24
id.	appointés. . . . :	250	24
id.	gardes.	200	144
			221
id.	médecin.	600	
id.	chirurgien. . . .	600	

Le nombre des pompes fut porté à trente-neuf, celui des tonneaux à quarante-deux, dont trente gros et douze petits. Il y eut douze dépôts d'eau, et quatorze dépôts de pompes; on forma un vingtième corps-de-garde.

Le 16 février, même année, le sous-brigadier Ledoux fut nommé brigadier.

Le 6 juin 1787, le feu prit au pavillon de Flore, aux Tuileries; à la suite de cet évènement, il fut établi deux corps-de-garde, un au Louvre, et l'autre aux Tuileries; le nombre total des corps-de-garde fut porté à vingt-cinq.

En 1791, MM. Philippe et Arnaud furent chargés du service de santé.

En 1792, M. Brunie fut nommé chirurgien-major, en remplacement de M. Arnaud.

Comme nous l'avons dit plus haut, la compagnie des garde-pompes fournissait des détachements dans les châteaux royaux, tels que Versailles, Bellevue, Compiègne; ils étaient relevés tous les dimanches.

On étendit, à cette époque, le service, en assujétissant les

théâtres à avoir des garde-pompes pendant les représentations, et à les payer.

En 1793, la compagnie des garde-pompes était composée
comme il suit :

MM. Morat, directeur-commandant.
Deville, lieutenant adjoint.
Désaubliaux, sous-lieutenant.
Thurot,   id.
Chevrelat, ⎫
Dieu,   ⎬ adjudants.
Vallon,   ⎭
27 brigadiers.
27 sous-brigadiers.
28 appointés.
174 gardes.

Le matériel se composait de :

56 pompes, dont 12 aspirantes;
42 tonneaux, dont 12 petits ; le grand contenait 42 pieds
cubes d'eau, le petit 8 pieds cubes.

Il y avait 15 dépôts de pompes, et 13 dépôts de tonneaux.

Il y avait 27 corps-de-garde : ceux du Louvre et des Tuileries avaient 5 hommes chacun, en sorte que le service journalier était de 85 hommes ; les gardes montaient tous les
trois jours.

Les pompes étaient éprouvées et les agrès réparés une fois
par an, à l'hôtel du directeur, par les soins de M. Désaubliaux.

A partir de cette époque, le service des incendies devint
régulier. Les garde-pompes étant payés, il leur fut défendu
expressément de rien accepter des incendiés.

La discipline était sévère, les fautes graves entraînaient le
renvoi du coupable ; la probité devait être à toute épreuve.
Le directeur disait qu'un vol de six blancs, fait par un garde-

pompe, méritait la corde. Les perturbateurs de l'ordre et les voleurs étaient signalés par leurs camarades ; ils étaient conduits devant le front de la compagnie ; là on les couvrait d'un sac et ils étaient enfermés à Bicêtre.

Pendant la durée d'un incendie, on pourvoyait aux besoins des gardes.

Les principaux théâtres avaient un service de garde-pompes, mais il n'y avait de pompes qu'à l'Opéra, aux Italiens, aux Français et à Feydeau.

Lorsqu'un chef de pompe arrivait à un incendie, il avertissait le directeur-général, qui s'y rendait et donnait avis du sinistre à l'autorité.

Les incendies étaient enregistrés.

Le directeur-général ayant un privilège, il était défendu de démonter les pompes afin que le mécanisme en restât inconnu.

A la révolution, M. Morat quitta le commandement de la compagnie à quatre-vingt-quatre ans, après l'avoir dirigée pendant 32 ans; il mourut la même année.

Le commandement provisoire fut dévolu à M. Deville, son neveu; mais, peu de temps après, les privilèges ayant été abolis, tous les grades, dans la compagnie des gardes, furent donnés au concours.

Le 20 avril 1793, les candidats se rendirent à l'Hôtel-de-Ville, on proposa un problème relatif à un établissement d'incendie, et le sieur Picard Ledoux obtint, au scrutin, dix-huit voix sur vingt, pour le commandement; les autres chefs furent :

M. Morisset, commandant en second ;

Les inspecteurs :	Sous-inspecteurs :
MM. Duperche 1er,	MM. Leherle 1er,
Debruge, 2e	Fouloy 2e,
Vanier 3e.	Guérin 3e.

Manoury, chirurgien-major.

L'effectif fut porté à 8 chefs et 270 hommes, tant briga-diers que sous-brigadiers, appointés et gardes, répartis en trois tiers de 90 hommes chacun, nombre nécessaire pour le service journalier de 30 corps-de-garde.

La solde, pour les chefs, fut fixée ainsi qu'il suit :

Directeur-général. . . . . 3,000 fr.
Sous-directeur. 1,800
Inspecteur. 1,200
Sous-inspecteur. 1,000

Le matériel fut composé de 60 pompes, 30 gros tonneaux et 24 petits.

Les dix-neuf théâtres existants alors reçurent un service de garde-pompes pendant les représentations, et quelques-uns un service de nuit en sus.

La compagnie augmentée, divisée, les hommes en uni-forme, armés d'un sabre, devint, pour ainsi dire, un corps composé de trois compagnies, ayant un commandant en pre-mier, un commandant en second, trois capitaines qui étaient les inspecteurs, trois lieutenants qui étaient les sous-inspec-teurs; les brigadiers et sous-brigadiers devenaient les ser-gents et caporaux.

Ce corps eut un drapeau, il paraissait à toutes les fêtes nationales.

Il reçut, en diverses circonstances, le pain et la viande, et il fut même question de le caserner.

En 1794, il reçut un code de discipline.

En 1795, le corps devint pour ainsi dire militaire : une loi du 9 ventôse porta la compagnie à 376 hommes divisés en trois compagnies.

MM. Ledoux, commandant en 1er. . . 4,000 fr.
    Morisset,   id.   2e. . . 3,000
    Fouloy, quartier-maître. . . . 2,400

Duperche,
Debruge, } capitaines. 2,400
Vannier,

David,
Paillet, } lieutenants. 2,000
Guérin,

Sergents. 1,100
Caporaux. 1,000
Pompiers et tambours. . 1,000
Chirurgien. 1,200

Il fut établi un conseil de discipline.

Les veuves furent assimilées à celles des défenseurs de la patrie.

En 1797, le feu prit au cirque du jardin du Palais-Royal.

En 1798, le feu prit au théâtre de Lazari, boulevart du Temple.

En 1799, le feu prit au théâtre de l'Odéon pendant la nuit, et, de ce moment, tous les théâtres durent avoir un service de vingt-quatre heures.

Le 6 juillet 1801, le premier Consul Bonaparte donna une autre organisation au corps des garde-pompes, il en porta l'effectif à 293 hommes soldés, et admit des surnuméraires. Cette diminution dans le nombre des hommes entretenus permit d'augmenter la solde qui fut ainsi fixée :

Commandant en 1er. . . . . 4,200 fr.
id. en 2e. 3,600
Ingénieur en 1er. 2,400
id. en 2e 2,000
Quartier-Maître. 1,500
Capitaine. 2,000
Lieutenant. 1,500

Sergents.	900
Caporaux.	800
Gardes de 1re et 2e.	700 et 600

Il y eut trois compagnies de 150 hommes environ.

Les surnuméraires, qui étaient au nombre de soixante par compagnie, s'habillaient à leurs frais; ils étaient exempts de la conscription après deux ans de service; ils devenaient titulaires et étaient soldés au fur et à mesure des vacances.

Ce corps était placé sous l'autorité du ministère de l'intérieur et du préfet de la Seine, et requis au besoin par le préfet de police.

Il dut être caserné, mais cette mesure ne fut pas exécutée.

La nouvelle solde ne fut appliquée qu'aux officiers.

En 1802, eut lieu l'explosion de la machine infernale. A cette époque, l'état-major du corps fut placé quai des Orfèvres, n° 20.

L'uniforme était : un casque en cuivre, avec un turban en cuir, plumet bleu et rouge, pas d'épaulettes, habit en drap bleu de roi, revers, collet et parements en velours noir, retroussis en serge bleue, culotte bleue et guêtres longues; plus tard la culotte fut remplacée par un pantalon étroit avec demi-guêtres bordées en rouge et un gland *idem;* un baudrier noir verni, et le briquet.

En 1803, eut lieu l'incendie de la lanterne du dôme de la Salpétrière, occasioné par la foudre.

En 1810, eut lieu, rue de Provence, l'incendie de la salle de bal, ou périrent la princesse de Schwartemberg et plusieurs personnes notables.

Cette catastrophe vint : 1° de ce que toutes les précautions n'avaient pu être prises convenablement, parce qu'on ne voulut pas admettre les pompiers dans l'intérieur; 2° de ce que, lorsque le feu éclata, la foule, qui se précipitait à l'extérieur empêcha les pompiers de pouvoir entrer pour agir dans l'intérieur de la salle ; 3° de ce que le corps, n'étant pas militaire, les ordres ne furent exécutés que très-imparfaitement. Après cet évènement, le commandant, qui était absent de Paris, fut destitué ; et, de ce moment, la direction du corps passa dans les attributions du préfet de police.

L'intérim du commandement fut fait par le commandant en second, à qui on adjoignit MM. Peyre et Désaubliaux, pour la surveillance et l'administration du corps.

En septembre de la même année, furent créées les assurances mutuelles contre l'incendie.

En janvier 1811, eut lieu l'incendie du marché d'Aguesseau.

En septembre, même année, l'Empereur décréta qu'il serait formé un bataillon de sapeurs-pompiers de la ville de Paris, destiné à éteindre les incendies ; qu'il concourrait au service de police et de sûreté publique ; que ce bataillon serait placé sous les ordres du préfet de police ; qu'il serait armé, caserné par compagnie, et soumis à la discipline et aux lois militaires ;

Que l'état-major serait composé et payé comme il suit :

1 chef de bataillon, commandant supérieur. . . . . . . : 6,000 fr. M. Delalanne.

1 ingénieur. . . . . 3,000 Peyre.

2 adjudant-major. . . . . . 2,000 Désaubliaux

1 chirurgien-major . . . . . 1,800 Sengensse.

1 Quartier-maître. . . . . 1,500 Lacombe.

1 garde-magasin . . . . . 1,500 Gaillard.

1re compagnie, capitaine . . 3,000 Duperche.

id. lieutenant . . 1,800 Legaigueux.

2e compagnie, capitaine Queru.

id. lieutenant Cartier.

3e compagnie, capitaine Taisan.

     id.   lieutenant Guérin.

4e compagnie, capitaine Lacon.

     id.   lieutenant Ledoux.

Qu'il y aurait par compagnie :

    1 sergent-major,

    4 sergents,

    1 fourrier,

  10 caporaux,

  10 appointés,

    2 tambours,

112 sapeurs ;

Que la solde des sapeurs serait de 95 centimes, plus le produit des services des théâtres.

Tous les sous-officiers, caporaux et soldats qui étaient en état de servir, et qui voulurent rester, furent conservés et reconnus dans leur grade. On compléta le corps par des enrôlements volontaires ; ceux des anciens pompiers qui n'avaient pas le temps voulu pour la retraite, furent employés comme auxiliaires jusqu'à ce qu'ils eussent atteint ce temps, ou qu'ils se fussent décidés à contracter un enrôlement.

La difficulté d'approprier les hommes de l'ancien corps, presque tous mariés et ayant des états, aux habitudes militaires et surtout au casernement, fit que le but de la nouvelle organisation ne put être atteint.

En 1813, seulement, la deuxième compagnie fut casernée rue de la Paix.

A la suite d'un feu de cave qui fut mal attaqué, et qui mit en rumeur tout un quartier, M. Delalanne perdit le commandement du corps, qui fut confié à M. Plazanet, chef de bataillon du génie, le 1er janvier 1814.

En 1814, la troisième compagnie fut casernée rue Culture-Sainte-Catherine.

Il y eut à cette époque deux feux considérables, l'un boulevart du Temple et l'autre rue de Jouy.

En 1815, la quatrième compagnie fut casernée rue du Vieux-Colombier.

A cette époque eut lieu l'incendie de la manutention, rue du Cherche-Midi. (Par ordonnance du 31 janvier, furent nommés légionnaires MM. Lédoux, Sengensse et Désaubliaux.)

En 1818, et par ordonnance du 1er juillet, fut nommé chevalier de la Légion-d'Honneur le sergent Swinnens, à la suite du feu de l'Odéon.

Jusqu'en avril 1821, il n'y eut aucun changement dans le corps, le recrutement se faisait difficilement.

En avril 1821, M. Plazanet fut nommé lieutenant-colonel et conserva le commandement du corps.

En septembre, même année, parut une ordonnance portant que le corps des sapeurs-pompiers de Paris ferait partie du complet de l'armée, mais resterait soldé et entretenu par la ville. (Par ordonnance du 1er mai, furent nommés légionnaires MM. Caizac, capitaine, et Aufray, lieutenant.)

En août 1822, parut une nouvelle ordonnance qui régla les diverses parties de l'administration.

D'après ces deux ordonnances, le corps fut organisé définitivement le 1er novembre 1822.

Nota. Jusqu'en 1811, les sapeurs blessés dans les incendies obtinrent des secours; et les veuves de ceux qui périrent eurent de la ville une pension fixée généralement à 600 francs.

Parmi les anciens officiers, sept furent conservés :

MM. Plazanet, lieutenant-colonel ;

Langlois, ingénieur ;

Guérin, adjudant-major ;

Caizac, capitaine;

Ledoux, capitaine;

Dubousset, lieutenant;

Aufray, lieutenant.

Il resta donc deux places vacantes de capitaine, ainsi que deux places de lieutenant; elles furent données à

MM. Linard, capitaine d'infanterie;

Aufray, lieutenant au corps des pompiers;

Crosnier, garde-du-corps,

Delamarre,   *id.*

Les emplois civils furent confiés à

MM. Chalot, trésorier;

Sengensse, chirurgien-major;

Gaillard, garde-magasin;

Duhamel, maître ouvrier.

Le nombre des sous-officiers, caporaux et soldats, qui furent conservés, s'éleva à 457, les autres ayant été congédiés, soit parce que leur temps était fini, soit parce qu'ils avaient droit à leur retraite, ou à la réforme, ou bien qu'ils étaient étrangers.

Le corps fut complété par des hommes envoyés des régiments, ou par des enrôlements volontaires.

La première compagnie fut casernée avec la quatrième, rue du Vieux-Colombier.

Un arrêté du préfet de police régla : 1° les indemnités de route dues aux officiers, sous-officiers, caporaux et soldats du corps des sapeurs-pompiers, voyageant isolément ou par détachements;

2° Les allocations dues aux sous-officiers, caporaux et sapeurs, pour les différents services qu'ils font dans les théâtres.

En 1823, parut une décision ministérielle pour la comptabilité relative aux indemnités de route et de subsistance pour les hommes devant passer des divers corps de l'armée dans celui des sapeurs-pompiers.

En 1824, fut rendue une ordonnance qui admit les officiers de santé du corps des sapeurs-pompiers à prendre rang parmi ceux de l'armée.

Une décision ministérielle détermina la place que le corps devait occuper dans les cérémonies ; elle lui donna la gauche de l'infanterie de ligne.

Une ordonnance royale accorda aux officiers du corps des sapeurs-pompiers la faveur d'être admis à la retraite du grade supérieur, après dix ans d'activité dans le grade inférieur.

En 1826, une ordonnance royale établit que les services rendus dans l'ancien corps compteraient pour l'obtention des grades, des décorations et de la retraite.

En mars eut lieu l'incendie du Cirque.

En 1827, une décision ministérielle autorisa le remplacement immédiat des hommes en congé d'un an.

A cette époque eut lieu l'incendie de l'Ambigu-Comique. (Mort du sapeur Marest.)

Une ordonnance royale du 8 août nomme légionnaires MM. Schrender, adjudant, pour sa belle conduite au feu de l'Ambigu, et Défossés, sapeur, id.

Une ordonnance du 30 octobre nomme légionnaire M. Poileux, lieutenant.

M. Langlois, capitaine-ingénieur, est réformé et remplacé par M. le capitaine du génie Mayniel.

En août 1830, M. Plazanet, lieutenant-colonel, commandant le corps, est remplacé par M. Amilet, chef de bataillon du génie.

En septembre, même année, une délibération du conseil municipal admit les réductions demandées par les administrations théâtrales et approuvées par le préfet de police.

MM. Linard, capitaine; Crosnier, capitaine; Fouchécourt, lieutenant, et Jovenez, sous-lieutenant, sont mis en non-activité et remplacés par MM. Dupré, capitaine; Renaudin, lieutenant; Schrender et Morisset, sous-lieutenants, faisant fonctions de lieutenants.

Le 10 décembre, même année, M. Amilet meurt et est remplacé par M. le chevalier Gustave Paulin, chef de bataillon du génie, qui n'entre en fonctions que le 26.

En 1831, le 11 mars, sont nommés chevaliers de la Légion-d'Honneur, sur la présentation de leur chef :

MM. Chalot, trésorier;
Cahour, sergent-major;
Gros-Jean,   id.;
Bussière, sergent;
Toire, tambour.

Le 14 septembre, même année, sont nommés dans la Légion- d'Honneur :

Le commandant Paulin, officier de la légion ;
Terchon, adjudant,   }
Legay, sapeur,   } légionnaires.

Le 6 août, un arrêté de M. le préfet de police fixe la rétribution des services salariés pour les officiers.

En 1832, le 20 janvier, il fut créé quatre places de sous-lieutenant ; elles furent données à des sous-officiers du corps, MM. Aufray, François, sergent-major; Dupias, sergent; Palut, sergent, et Ponté, sergent.

MM. les sous-lieutenants Schrender et Morisset passèrent lieutenants ; on supprima en même temps les maîtres-ouvriers, les mariniers et les pompes sur bateaux.

Le 7 avril, même année, le choléra ayant emporté 12 hommes dans la caserne de la rue du Vieux-Colombier, où se trouvaient réunis 300 hommes composant l'effectif des 4e et 1re compagnies, 50 hommes de la première passèrent dans une maison de la rue du faubourg Saint-Martin, où l'on a formé une quatrième caserne.

Retraite de M. Guérin, capitaine-adjudant-major, non remplacé ; les fonctions d'adjudant-major ayant été réunies à celles d'ingénieur.

Le 25 juillet, même année, furent promus dans l'ordre de la Légion-d'Honneur :

MM. Dupré, capitaine, officier de la légion ;
Mayniel, id. ;
Gerin, caporal ;
Marotte, sapeur ; } légionnaires.
Dubray, caporal ;
Courtois, id.

Le 20 novembre, le reste de la première compagnie fut logé dans la nouvelle caserne, rue du faubourg Saint-Martin, 126.

Le 14 décembre, il fut arrêté un nouveau tarif de solde, avec une augmentation d'allocation de la masse individuelle.

L'allocation journalière pour la masse de chauffage fut réduite, et celle d'hôpital augmentée.

En 1833, le 24 février, on supprima l'allocation de 40 fr. de première mise, accordée aux hommes en rentrant au corps, ainsi que la prime de rengagement ; on exigea que les hommes sussent lire et écrire, et qu'ils versassent une somme de 250 fr. en rentrant au corps.

Le 11 mai, les emplois d'adjudant-major et de garde-magasin civil furent supprimés.

On créa en même temps :

1° Un sous-lieutenant chargé de l'habillement ; cet emploi fut confié à M. Terchon, adjudant-sous-officier ;

2° Un sergent-major garde-magasin ;

3° 64 nouveaux caporaux en supprimant pareil nombre de sapeurs ;

4° On forma une section hors-rang, composée d'un sergent, d'un caporal et de deux sapeurs, le tout sous le commandement du sous-lieutenant d'habillement.

Le 5 juin, le sieur Mottet, sergent, est nommé membre de la Légion-d'Honneur.

Retraite de M. Caizac, capitaine, remplacé par M. le lieutenant Renaudin.

En 1834, le 27 avril, après les émeutes, furent nommés dans la Légion-d'Honneur :

MM. Chieusse, sergent, } légionnaires.
　　 Bochot, caporal, }

En 1834, le 11 août, M. Paulin, commandant le corps, est promu au grade de lieutenant-colonel, et conserve le commandement.

Nomination de M. Aufray, sous-lieutenant, au grade de lieutenant, en remplacement de M. Renaudin.

M. Aufray est remplacé par M. Delatour, adjudant-sous-officier.

En 1834, le 26 décembre, ordonnance royale qui assujétit le trésorier du corps à fournir à l'avenir un cautionnement qui sera réalisé au trésor public, soit en numéraire, soit en rentes sur le grand-livre, et qui fixe ce cautionnement à la somme de 25,000 francs.

En 1835, le 21 février, feu du théâtre de la Gaîté ; mort du sapeur Beaufils.

Même année, ordonnance royale du 8 mai, qui nomme membres de la Légion-d'Honneur :

MM. Dupias, sous-lieutenant ;
Collin, sergent-major.

En 1836, ordonnance royale du 17 février, relative au nouveau mode de recrutement du corps des sapeurs-pompiers, qui, au besoin, sera complété chaque année par de jeunes soldats de nouvelle levée.

Décision ministérielle du 3 mars, qui ordonne le renvoi d'urgence, dans leurs foyers, des sapeurs libérables en 1836.

Retraite de MM. Poilleux, lieutenant ; Morisset, lieutenant, et Ledoux, capitaine, remplacés par MM. Dupias, sous-lieutenant ; Ponté, sous-lieutenant ; Schrender, capitaine, aussi remplacés eux-mêmes par MM. Bourgeois, adjudant ; Ricke, adjudant ; Fallut, sous-lieutenant ; ce dernier remplacé par M. Jovenez, sous-lieutenant en disponibilité.

En 1837, ordonnance du 27 août, qui nomme membres de la Légion-d'Honneur :

MM. Fallut, lieutenant ;
Botte, sergent.

En 1838, le 15 janvier, incendie du théâtre des Italiens ; neuf sapeurs sont blessés ou asphyxiés.

Mise en non-activité de M. le sous-lieutenant Jovenez, remplacé par M. Delétrée, adjudant-sous-officier.

Même année, le 27 avril, ordonnance royale qui nomme membres de la Légion-d'Honneur :

MM. Aufray, lieutenant ;
Loutré, fourrier.

Le 17 juillet, incendie du Vaudeville ; douze sapeurs sont blessés.

Six hommes morts à l'hôpital dans le courant de l'année.

En 1839, le 18 janvier, départ de l'aide-major Arbel, fait chirurgien-major de la ligne, et remplacé par l'aide-major Chenu.

Retraite de M. le lieutenant Falut, remplacé par M. le sous-lieutenant Terchon, remplacé lui-même par M. Melotte, adjudant-sous-officier.

Le 8 mars, incendie du Diorama, rue des Marais ; le caporal Pihet a la jambe et le pied cassés.

Ordonnance du 20 avril, qui nomme membre de la Légion-d'Honneur M. Ponté, lieutenant.

Sept hommes morts à l'hôpital dans le courant de l'année.

En 1840, ordonnance du 25 avril, qui nomme membre de la Légion-d'Honneur M. Ricke, sous-lieutenant.

Ordonnance du 15 octobre 1840, portant, d'après délibération du conseil municipal et vote de fonds : 1° l'augmentation de 160 hommes dans le personnel ; 2° la formation d'un cadre d'officiers d'une nouvelle compagnie, avec changement de solde ; 3° que l'adjudant-major-ingénieur commandera en l'absence du commandant, et sera par conséquent le plus ancien.

L'augmentation n'a pas lieu et ne doit être effectuée que lorsque le casernement sera prêt.

1er décembre 1840, retraite de M. le capitaine-adjudant-major-ingénieur Mayniel, remplacé par intérim à l'état-major par M. le lieutenant Dupias.

Onze hommes morts à l'hôpital dans le courant de l'année.

En 1841, ordonnance royale du 11 mai, qui nomme membre de la Légion-d'Honneur M. Langlois, sergent-major.

17 août, mort du chirurgien-major Forget ; il était arrivé en 1834 ; remplacé par le chirurgien-major Auberge.

Ordonnance du 23 septembre, qui organise le cadre du bataillon en 5 compagnies ; organisation faite par le lieutenant-général Schramm, inspecteur.

Le recrutement de cette compagnie n'a pas lieu, parce que le casernement n'est pas prêt.

Remplacement définitif de M. le capitaine Mayniel par M. Dupré, appelé aux fonctions de capitaine-adjudant-major, ingénieur.

Le 9 novembre 1841, nomination de M. le lieutenant Aufray au grade de capitaine, en remplacement de M. le capitaine Dupré. M. Aufray remplacé lui-même par M. le sous-lieutenant Delatour, dont le grade est occupé par M. Legal, adjudant-sous-officier.

Huit hommes morts à l'hôpital pendant l'année.

En 1842, ordonnance royale qui fait rentrer le commandant du corps dans l'arme du génie, d'où il sortait, pour y reprendre son rang d'ancienneté afin d'y avoir son avancement; il en est de même pour tous les officiers des armes spéciales qui servent dans ce corps.

Ordonnance royale du 24 avril, qui nomme membres de la Légion-d'Honneur :

MM. Mathiotte, sergent;

Hervé, caporal;

Chevalier, id.

Le 26 avril, passage de l'aide-major Chenu, en qualité d'aide-major, à la gendarmerie de la Seine; il est remplacé par l'aide-major Laurans.

Neuf hommes morts à l'hôpital dans le courant de l'année.

En 1843, ordonnance royale du 19 avril, qui nomme membre de la Légion-d'Honneur :

M. Cavalier, caporal.

Le même jour, retraite de M. le capitaine Aufray (Pierre), remplacé le 21 mai suivant par M. le lieutenant Dupias, qui lui-même a été remplacé par M. le sous-lieutenant Bourgeois, qui a cédé sa place à M. le sous-major Collin.

Neuf hommes morts à l'hôpital dans le courant de l'année.

En 1844, le 5 avril, passage de l'aide-major Laurans au grade de chirurgien-major de la ligne. Il est remplacé par l'aide-major Dusseuil.

Le 14 avril, ordonnance royale qui nomme membre de la Légion-d'Honneur, M. Faury, sergent.

Le casernement de la 5e compagnie n'étant pas prêt, sa formation est ajournée.

INSTRUCTION GÉNÉRALE

LES MESURES A PRENDRE AUX ENVIRONS DES LIEUX INCENDIÉS.

———

Lorsqu'un incendie se déclare, il faut :

1º Arriver promptement sur les lieux afin d'éviter que le feu ne fasse des progrès, ce qui augmente considérablement les difficultés, non parce qu'il y a une plus grande masse de feu, mais parce qu'il y a plus de points de contact avec le voisinage, ce qui force à disséminer les moyens, et rend la surveillance plus difficile.

2º Faire retirer immédiatement, et à grande distance, la foule des curieux et des travailleurs bourgeois, qui mettent autour du lieu de l'incendie une confusion et un désordre susceptibles de produire de graves accidents, et rendent le plus souvent leur zèle plus nuisible qu'utile, en ce que, n'ayant pas les connaissances nécessaires, ils ouvrent toutes les issües sans discernement, établissent des courants d'air qui donnent de l'activité au feu, et le portent souvent dans des parties du bâtiment qu'il n'eût pas dû atteindre ; qu'ils convertissent ainsi en incendie déplorable ce qui n'eût été souvent qu'un feu de peu d'importance ;

Qu'ils envahissent le terrain sur lequel on doit opérer, et que, lorsque les pompiers arrivent, ils ne peuvent voir la disposition des lieux, et juger d'un coup-d'œil de l'ensemble des opérations qu'ils ont à faire ;

Enfin, que parmi les curieux et les travailleurs se glissent une foule de filous, qui, sous le prétexte de porter des

Sapeur-Pompier.   3

secours, dévalisent les habitations et mettent le désordre à dessein, afin de pouvoir mieux agir dans leurs intérêts.

3° S'informer, aussitôt qu'on est arrivé sur les lieux, s'il y a des personnes à sauver, afin d'arriver dans les logements par les croisées et avec le sac de sauvetage, si les escaliers sont envahis par le feu et sont devenus impraticables.

4° Faire une reconnaissance rapide des lieux, disposer les postes de secours aux points les plus dangereux pour le voisinage, en même temps qu'on s'occupe d'empêcher les progrès du feu en attaquant le foyer de l'incendie.

Ce n'est qu'après que ces dispositions auront été prises, avec autant de rapidité qu'on aura pu le faire, qu'on sera en état d'utiliser la population zélée, qu'on pourra demander une certaine quantité de travailleurs, qu'on les fera relever à tour de rôle, et que les opérations se feront avec ordre et fruit.

Pendant qu'on s'occupera à la reconnaissance des lieux, et qu'on disposera les pompes, le commandant fera arriver, par tous les moyens possibles, l'eau nécessaire pour les alimenter, soit en formant des bâtardeaux, soit en formant la chaîne au moyen de la population, à partir des bornes-fontaines ou des puits; il mettra les porteurs d'eau en réquisition, en se servant de l'appui des commissaires de police, et fera conduire les tonneaux aux points les plus importants; il veillera surtout à ce que les ordres ne se contrarient pas, ce qui paralyserait les moyens et mettrait de la confusion.

5° Faire arriver, le plus vite que faire se pourra, la garnison, tant pour rétablir l'ordre que pour travailler. On obtiendra ainsi du silence, du calme et de l'obéissance, ce qui manque toujours et rend les opérations difficiles; car il faut bien se persuader qu'on a toujours, dans un moment pareil, dix fois plus de monde qu'il n'en faut, et qu'on travaille beaucoup moins et avec peu de succès, parce qu'il y a confusion, et qu'on ne peut ni se faire entendre, ni se faire obéir.

L'officier ou le sous-officier le plus ancien prendra le commandement.

Les commandements seront faits au sifflet, afin d'être mieux entendus et compris.

Le commandant visitera tous les établissements; laissera subsister ceux qui sont bien placés, rectifiera les autres et supprimera ceux qu'il jugera inutiles.

Pendant les grands froids, il aura soin de faire activer la manœuvre pour que l'eau n'ait pas le temps de séjourner dans les boyaux et de s'y geler.

Il s'entendra avec le commissaire de police du quartier, qui fera arriver les secours de tous les points de son quartier, et fera prévenir les fontainiers afin que les conduites soient pleines.

CONSIDÉRATIONS SUR LE CORPS DES SAPEURS-POMPIERS.

Pour que le service des sapeurs-pompiers puisse bien marcher dès l'annonce d'un incendie, il faut que chaque officier, sous-officier, caporal et sapeur, connaisse bien les fonctions qu'il a à remplir, soit au départ de la caserne, soit sur le lieu de l'incendie, attendu que tous les hommes présents à une caserne ne doivent pas marcher au même moment, sans quoi il pourrait arriver des accidents, s'il se manifestait un deuxième incendie aux environs, et que tout le monde serait harassé de fatigue en même temps, si l'incendie était de longue durée. Il a donc fallu préciser par une instruction les devoirs de chacun, et établir un ordre de service dans chaque compagnie.

DÉFINITION DES TERMES EMPLOYÉS DANS LES OPÉRATIONS A FAIRE POUR L'EXTINCTION DES INCENDIES.

Reconnaissance.

Reconnaître un feu, c'est parcourir, autant que possible, le bâtiment qui est la proie des flammes, et prendre tous les renseignements nécessaires, afin de savoir positivement où est le foyer de l'incendie, et quelle est la nature des matières qu'il dévore.

Etablissement.

Faire un établissement, c'est disposer la pompe et les boyaux de la manière la plus facile et la plus convenable pour éteindre promptement le feu.

Attaque.

Attaquer le feu, c'est se porter dessus avec la lance, et faire tout ce qu'il faut pour le refouler et l'éteindre.

Développement.

Développer, c'est enlever les boyaux de dessus la bâche, les dérouler et les placer de manière à diminuer les coudes, afin que l'eau puisse arriver à la lance promptement et avec force.

Manœuvre.

Manœuvrer, c'est faire mouvoir le balancier au moyen de 6 ou 8 hommes qu'on met aux leviers, afin de faire arriver au bout de la lance l'eau dont on a rempli la bâche, et la projeter avec force.

Armement.

Armer une pompe, c'est placer sur le balancier, dans la bâche et sous le charriot, tous les agrès nécessaires pour sauver les personnes et éteindre le feu.

Noircir.

Noicir, signifie arroser les boiseries et les murs qui ne sont qu'effleurés par les flammes, afin d'empêcher qu'ils ne s'enflamment eux-mêmes. Ils noircissent en effet par cette opération, se charbonnent sans s'enflammer, ce qui permet de ne s'occuper que du foyer.

Raccords.

On appelle *raccords*, les pièces en cuivre qui servent à réunir les garnitures avec la bâche, ou deux demi-garnitures entre elles. On tourne toujours ces pièces de gauche à droite pour les monter, et de droite à gauche pour les démonter.

DÉPART DES CASERNES.

Instruction pour les incendies.

Chaque compagnie étant divisée en deux sections, chaque section, à tour de rôle, marche à l'incendie.

Les premier, deuxième sergents et le fourrier sont attachés à la 1re section; les troisième, quatrième, et cinquième sergents sont attachés à la 2e section. Le sergent-major remplace le sergent de semaine, qui reste toujours à la caserne.

Le sergent de garde est remplacé par le sergent (le premier) de la section de repos.

Toute section éveillée pour marcher au feu, et qui s'est préparée au départ, est supposée avoir marché.

Chaque section étant divisée en cinq escouades, une sort en veste sans épaulettes, le fusil en bandouillère sans baïonnette, avec giberne, sans sabre, la ceinture sur la banderolle de la giberne; l'autre sort avec la première pompe, la troisième avec la deuxième pompe, et enfin deux avec trois tonneaux. Ces cinq escouades sont en veste, sans épaulettes, casque sans crinière, ceinture sur la veste.

Un sous-officier a le commandement de la première pompe, un autre celui de la 2e pompe, et un troisième le commandement de l'escouade armée et des deux escouades attachées aux tonneaux.

La section est commandée par l'officier de semaine; si c'est un sous-officier qui remplit les fonctions d'officier de semaine, il ne prend le commandement qu'en l'absence de tous les officiers.

Parmi les officiers présents, celui qui doit prendre la première semaine remplace l'officier de semaine, pendant qu'il est à l'incendie, ou se rend au feu à la place du sous-officier qui remplirait les fonctions d'officier de semaine.

Les sous-officiers désignés pour le commandement de telles ou telles escouades ont, dans la bombe de leur casque, l'état nominatif des hommes qui composent les escouades sous leur commandement, afin d'en faire l'appel pour le retour partiel.

Le départ n'a lieu que par les ordres de l'officier qui prend le commandement ; et qui fixe le nombre de pompes et tonneaux qui doivent sortir de la caserne.

Les sous-officiers, caporaux et sapeurs attachés aux autres pompes ou tonneaux, attendent dans la cour les ordres qui peuvent être envoyés du feu.

Chaque sous-officier désigne un sapeur pour porter les torches.

Le sous-officier qui commande le détachement armé et les détachements attachés aux tonneaux, doit être en veste, sans épaulettes, casque sans chenille, et sabre avec buffleterie ; il est chargé de la police, de l'établissement du parc, de l'alimentation des pompes ; en conséquence, il s'arrête à cinquante pas de l'incendie, et ne laisse avancer que la première pompe, le sous-officier et le chef de la deuxième pompe, qui suivent l'officier pour prendre ses ordres.

Le plus ancien caporal ou chef de poste de l'escouade attachée à une pompe est chef de cette pompe ; le sous-officier désigne parmi les sapeurs, les premier et deuxième servants ; les autres manœuvrent la pompe et versent l'eau dans la bâche. On n'emploie les bourgeois à la manœuvre de la pompe que lorsque les sapeurs de l'escouade sont insuffisants.

Le sous-officier qui commande une pompe est chargé de diriger le chef, et pour cela il fait avec lui la reconnaissance de la partie de l'incendie dont l'attaque lui a été confiée par l'officier, il indique au chef la manière dont l'établissement doit être fait, il surveille cet établissement, désigne les points sur lesquels il faut porter les premiers secours. Il ne prend pas la lance, elle est tenue par le chef; il veille à ce qu'aucun homme ne s'écarte de son poste, sans son ordre, et à ce que les sapeurs conservent, autant que possible, le calme et le silence nécessaires pour que les secours soient bien efficaces.

Les hommes qui sont aux tonneaux vont les remplir aussitôt qu'ils sont vides; le sous-officier de police les dirige à leur retour sur les points où l'eau est le plus nécessaire; il dirige de même les tonneaux de porteurs d'eau lorsqu'ils arrivent, et les fait retirer dès qu'ils sont vides, afin d'éviter l'encombrement; il fait placer des lumières aux points où l'on prend l'eau, et auprès des pompes.

L'officier, dans sa reconnaissance, s'est fait accompagner d'un sapeur qu'il envoie ensuite à l'état-major du corps; il envoie aussi un homme à l'état-major de la place, toutes les fois que l'incendie nécessite la manœuvre d'une pompe.

L'officier fait prévenir le commissaire de police, il porte son attention sur l'ensemble des secours; il ne s'occupe des détails confiés aux sous-officiers que lorsqu'il est certain que ces détails ne lui feront pas perdre de vue quelques parties de sa surveillance.

Aussitôt que l'officier peut s'occuper de l'établissement du parc, il en désigne le point au sous-officier de police, qui y fait réunir les seaux, échelles, cordages, etc., par les hommes qui étaient attachés aux tonneaux; aussitôt qu'ils ne sont plus nécessaires à ce service, il les fait garder par des hommes armés.

Si une ou plusieurs pompes des postes de ville sont établies au moment où l'officier arrive, il fait occuper immédiatement les corps-de-garde abandonnés, par les chefs et sapeurs amenés de la caserne; mais si ces derniers sont nécessaires, l'officier ne se prive pas de leur secours, et fait alors prévenir celui qui le remplace à la caserne, pour faire occuper les postes. Après l'extinction de l'incendie, l'officier juge s'il doit renvoyer à leurs postes de ville les sapeurs qui étaient au feu, ou si, à cause de leur fatigue, il doit les ramener à la caserne.

Si les postes arrivent après les secours de la caserne, le sous-officier de police les arrête ; les chefs vont prendre les ordres de l'officier, qui les fait retirer immédiatement si leur présence est inutile.

Si, par l'arrivée des postes, il se trouvait moins de sous-officiers que de pompes établies, l'officier mettrait plusieurs pompes sous le commandement d'un sous-officier.

Aussitôt qu'une pompe est inutile, le sous-officier qui la commande, après en avoir averti l'officier, fait démonter l'établissement et se retire avec son détachement, si l'officier ne lui donne pas l'ordre de s'établir ailleurs.

Dès que les sapeurs attachés aux tonneaux ont réuni au parc, les seaux, échelles, etc., s'ils ne sont plus nécessaires, le sous-officier de police les renvoie à leur caserne avec leurs tonneaux.

Les sous-officiers, à leur retour, rendent compte à l'officier ou au sous-officier de semaine, des pertes et dégradations des effets appartenant aux sapeurs sous leurs ordres.

L'officier fait en sorte que personne ne soit inactif, et que les départs partiels pour la caserne aient lieu aussitôt que possible.

Il est expressément défendu à tout sapeur de s'écarter du poste qui lui a été désigné sur le lieu de l'incendie, et s'il a été employé par un sous-officier, il doit rejoindre son poste aussitôt que le service pour lequel il a été appelé est terminé.

RÉFLEXIONS SUR LE CORPS DES SAPEURS-POMPIERS EN FRANCE.

Tout ce que nous venons de dire précédemment ne peut s'appliquer qu'aux sapeurs-pompiers de Paris, parce que dans cette ville seulement le service est organisé militairement. Il serait à désirer, pour la tranquillité et la sûreté de toutes les villes, que le service des incendies y fût organisé de la même manière ; mais comme les dépenses seraient trop considérables, nous avons cherché à remédier le plus possible à l'inconvénient de n'avoir que des sapeurs-pompiers civils, et pour cela nous avons proposé l'organisation des sapeurs-pompiers en province comme il suit :

PROJET D'ORGANISATION DES SAPEURS-POMPIERS DANS LES VILLES DE FRANCE ET DANS L'ARMÉE.

Les incendies et les conséquences qui en résultent, sont quelquefois si graves, qu'on ne saurait rechercher avec trop de soin les moyens de combattre un fléau redoutable partout, et principalement dans les grandes villes, et les villes manufacturières.

Les résultats d'un violent sinistre sont : la destruction des propriétés, des manufactures et des édifices publics ; par suite la ruine des propriétaires et des assureurs, les désordres dans les quartiers menacés, les vols commis dans les maisons où l'on s'introduit sous prétexte de venir demander des secours, enfin quelquefois la mort des hommes.

Il est donc de toute évidence qu'il serait utile d'établir dans chaque ville un corps spécialement chargé de l'extinction des incendies, et de donner à ce corps une organisation particulière et relative au service dont il doit être chargé.

Or, pour que le corps des sapeurs-pompiers d'une ville puisse obtenir de bons résultats, il est indispensable qu'il agisse avec la plus grande célérité possible ; il ne s'agit pas en effet de se présenter sur les lieux menacés après que l'incendie a pris un tel degré d'intensité qu'il ne reste plus qu'à faire la part du feu, et à s'occuper de la conservation des propriétés adjacentes ; car, dès ce moment, il y a déjà ruine pour les propriétaires et trouble dans le quartier où se trouve la maison incendiée. Il faut arriver assez à temps pour que tout incendie (à l'exception de ceux qui éclateraient dans un lieu où se trouveraient réunies des matières éminemment combustibles, telles que des fourrages, des huiles, des spiritueux, etc., et qui font des progrès si rapides qu'on peut rarement les maîtriser) soit comprimé de suite et réduit à si peu de chose, que le public n'ait plus à craindre qu'il se propage.

On ne peut obtenir ce résultat qu'en établissant des postes d'observation en raison de l'étendue de la ville, afin que l'incendie éclatant dans un quartier, on puisse en quelques minutes faire arriver des secours de l'un de ces postes.

Or, il n'est possible d'obtenir cette promptitude dans le service des incendies qu'en soldant les sapeurs-pompiers, et en les obligeant dès-lors à ne jamais quitter les postes qui leur sont confiés.

A Paris, le corps des sapeurs-pompiers est purement militaire, et cela est indispensable pour obtenir promptement la réunion d'un assez grand nombre d'hommes au moment du danger ; il serait nécessaire qu'il en fût de même dans les villes de province, ou que du moins l'organisation de ce corps se rapprochât le plus possible d'une organisation militaire.

L'objection qu'on présentera tout d'abord, c'est qu'il faudrait imposer les villes, pour subvenir aux dépenses qu'exigeraient l'entretien et l'instruction d'un corps permanent de sapeurs-pompiers dans chacune d'elles.

On répondra à cela que si la création de ces corps, comparée aux dépenses qui en résulteraient, présente de grands avantages, il n'y aura pas un conseil municipal, pas un habitant, qui ne consente à voter ces dépenses. C'est donc cette comparaison qui est la première chose à établir. Or, il est facile à chaque ville de se rendre compte du nombre de sinistres arrivés année commune, de voir quelles ont été les pertes éprouvées tant par les particuliers que par les assureurs; de comparer ces pertes aux dépenses que nécessiteraient le matériel et le personnel d'un corps de sapeurs pompiers, et de s'assurer par là, de quel côté pencherait la balance.

On pourrait objecter que, puisque jusqu'ici ce service s'est fait dans toutes les localités par les bourgeois, il est possible de continuer sur ce pied, et par conséquent d'éviter, pour les localités, une nouvelle dépense.

Nous répondrons que les secours donnés de bonne volonté et avec dévouement ne peuvent arriver que lentement, parce que chaque bourgeois est à ses occupations; que personne ne commande, que personne ne connaît ce métier, qui, comme tout autre, a ses principes ; qu'enfin on voit tous les jours en province un feu, qui n'eût été rien, devenir un incendie, parce que les secours n'ont été ni assez prompts, ni assez efficaces.

Nous ferons observer, d'ailleurs, que le corps chargé d'éteindre les incendies, agissant non-seulement dans l'intérêt des habitants, mais encore dans celui des assureurs, on pourrait exiger des compagnies d'assurance, une somme annuelle pour coopérer à l'entretien de ce corps; en donnant aux sapeurs-pompiers une organisation militaire, les postes qu'ils occuperaient seraient encore utiles pour le maintien de l'ordre dans chaque ville.

En supposant donc qu'il fût reconnu convenable d'établir un corps de sapeurs-pompiers dans chaque ville, il faudrait pour que ce corps pût rendre tout le service qu'on doit en attendre, qu'il fût composé d'hommes ayant l'expérience du métier, ou du moins d'un noyau d'hommes déjà formés, et qui seraient instructeurs et sous-officiers dans ce corps.

Pour former promptement ce noyau, la capitale pourrait envoyer dans chaque ville de province quelques hommes bien exercés, et les villes enverraient à Paris, si toutefois elles le jugeaient nécessaire, quelques hommes adroits et intelligents, qui seraient bientôt au courant du métier, et de tout ce que l'on doit à la vieille expérience des sapeurs-pompiers de la capitale. Ces hommes seraient répartis dans les compagnies ; et les villes qui les enverraient, paieraient à la caisse municipale de Paris les frais d'entretien des hommes, pendant le temps que durerait leur instruction (deux ans) ; cette dépense serait d'environ 600 francs par homme pour une année.

Frappé de la rapidité effrayante avec laquelle se succèdent les incendies dans toutes les provinces de la France; incendies qui ne dévorent pas une ou deux maisons, mais des quartiers entiers ; j'ai pensé qu'il était de mon devoir d'éclairer l'autorité sur les changements et les améliorations à faire dans le service des sapeurs-pompiers de province.

Il est évident que ces déplorables évènements proviennent de ce que le feu une fois allumé, soit par accident, soit par malveillance, on ne peut obtenir assez promptement de secours nécessaires pour le maîtriser; de ce que le service des sapeurs-pompiers dans les provinces est tout de bonne volonté et que cela ne suffit pas.

Pour que ce service soit bien fait, il faut qu'il soit d'obligation absolue; il faut que les sapeurs-pompiers soient toujours à leur poste, et punis sévèrement lorsqu'ils manquent à leur service; or, pour que cette sévérité puisse être exercée, il est indispensable que les sapeurs-pompiers soient soldés et de plus militaires; sans cela pas d'exactitude; partant pas de promptitude, qui est la chose essentielle.

L'importance d'un service de pompiers bien organisé se fait tellement sentir en ce moment, que déjà plusieurs personnes qui ont une grande influence dans leurs départements, sont venues nous prier de leur donner des détails sur la manière dont notre service est organisé à Paris, et que beaucoup de maires des villes de province m'écrivent pour me demander de leur faire l'envoi de pompes. Mais à quoi serviront des pompes, si elles ne peuvent être conduites sur le lieu de l'incendie au moment même où il éclate, si l'on ne sait pas en tirer parti, si on ne les entretient pas toujours en bon état, etc.

Pour les employer efficacement, il faut des hommes qui connaissent bien le métier; qui en fassent une étude spéciale et une application journalière, pas des attaques simulées; enfin, il faut des sapeurs-pompiers soldats qui aillent à la manœuvre de la pompe tous les jours pendant deux ou trois heures, à la théorie des attaques pendant autant de temps; encore ne sauront-ils bien leur métier que dans deux ou trois ans, parce qu'il leur faut de l'expérience, qui ne s'acquiert qu'avec le temps et les occasions.

Une chose très-importante, et dont on ne s'occupe pas en province, c'est l'entretien du matériel : il faut que les pompes soient dans un lieu sain, visitées tous les jours, et réparées après chaque incendie. Le matériel, dans toutes les villes, doit être confectionné sur le même modèle, afin que les mêmes pièces puissent au besoin servir à d'autres pompes.

Pour se bien pénétrer des avantages obtenus par l'organisation militaire du corps des sapeurs-pompiers de la ville de Paris, il suffira de faire connaître le nombre d'incendies qui ont eu lieu dans cette ville depuis 1824 jusqu'en 1830 inclusivement.

D'après un relevé fait sur les registres du corps, on en compte 1220, qui, par leur nature, pouvaient devenir très-graves. Il y a eu en outre, dans le même intervalle, 6,827 feux de cheminées, ou petits feux. Sur ce nombre, onze seulement ont eu des suites déplorables, parce que les bâtiments et les objets qu'ils renfermaient étaient éminemment combustibles, et que quelques minutes avaient suffi pour les dévorer, en sorte que tout secours devenait impossible ; les autres ont été maîtrisés, parce que les secours ont été portés promptement et avec intelligence.

Nous donnerons un exemple frappant de ce que peuvent la promptitude et la bonne direction des premiers secours, en rapportant un fait qui s'est passé le 20 mars 1832, rue Chabrol, n° 24 :

Le feu prend dans une ferme de nourrisseur F, pendant la nuit et par un vent assez violent : le point A est celui où se manifeste le feu; E, B, A, C, D sont des magasins à fourrages de 49 mètres (150 pieds) de longueur; au-dessous sont des écuries où se trouvaient des bestiaux.

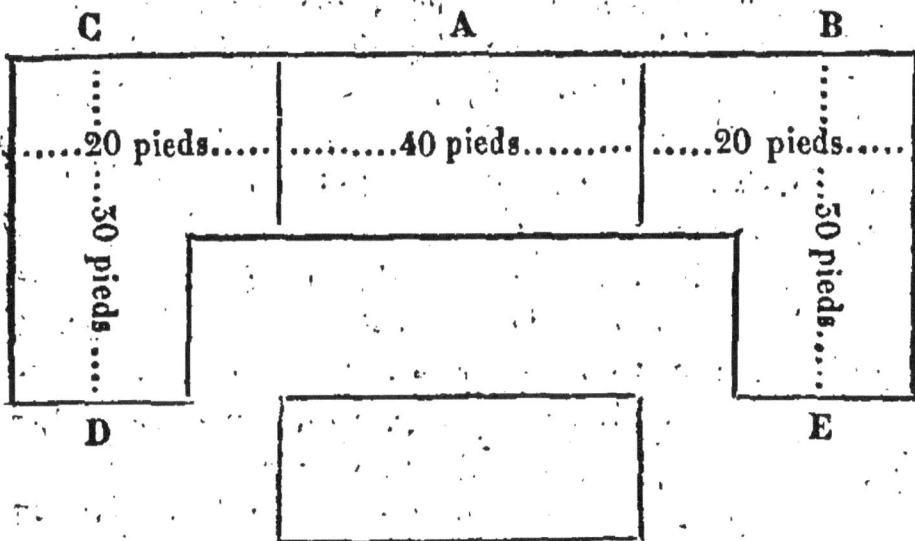

Les pompiers, prévenus à temps, arrivent au pas de course, s'établissent et attaquent si bien le feu, que la partie du grenier A, de 13 mètres (40 pieds) de longueur, brûle seule, et que tout le reste est sauvé, même l'écurie située au-dessous de A, et tous les bestiaux qu'elle renfermait.

Certes, si les sapeurs-pompiers fussent arrivés cinq minutes plus tard, si les secours qu'ils avaient conduits n'eussent pas été dirigés avec habileté, les greniers, les écuries de la vacherie eussent été la proie des flammes, et il n'eût probablement pas été possible de préserver du feu les maisons voisines à cause de la force du vent ; un pareil résultat n'eût sûrement pu être obtenu avec des sapeurs-pompiers civils.

Nous regardons donc comme incontestable, ce que nous avons avancé sur la nécessité d'organiser un corps de sapeurs-pompiers militaires, dans toutes les villes de France, et nous ne reviendrons plus sur cette question résolue définitivement pour tous les hommes qui ont été à portée de voir comment se font, en général, les services qui ne sont que de bonne volonté.

Passons aux détails relatifs à l'organisation et à l'instruction des corps de sapeurs-pompiers dans les villes, et à la dépense qu'exigerait l'établissement de ces corps.

L'instruction des sapeurs-pompiers consiste :

1° Dans la manœuvre proprement dite de la pompe ;

2° Dans les exercices des attaques simulées, afin d'apprendre à attaquer un incendie suivant les localités, de manière à s'en rendre maître le plus promptement possible ;

3° A faire tous les exercices gymnastiques propres à faciliter l'arrivée des secours aux parties les plus élevées d'un bâtiment enflammé, lorsque le feu a déjà envahi les escaliers et qu'on ne peut pénétrer dans l'intérieur du bâtiment que par les croisées, soit au moyen de perches, de cordes lisses, d'échelles à crochets, d'échelles de cordes, etc.

Un feu peut être dans un comble, dans un étage, dans un rez-de-chaussée, dans une cave, etc.; les dispositions à prendre dans chacun de ces cas sont différentes, et il est indispensable de les bien connaître. On peut avoir à sauver des personnes, et il faut par conséquent savoir se servir du sac de sauvetage.

L'ouvrage que nous publions aujourd'hui donne tous les détails des manœuvres de la pompe, et la manière dont les feux de diverses natures doivent être attaqués.

Le conseil d'officiers, réuni sous la présidence du commandant du corps, a rédigé, en 1831, une instruction sur la manière dont le service doit être organisé, pour que les avertissements et les départs aient lieu avec ordre et le plus promptement possible; cette instruction serait envoyée dans les villes. Les observations auxquelles elle pourrait donner lieu seraient utiles au corps des sapeurs-pompiers de Paris, qui s'empresserait de faire les changements dont l'expérience aurait démontré l'utilité.

Afin de donner un aperçu de la dépense qu'exigerait l'organisation de corps de sapeurs-pompiers permanents dans chaque ville, nous avons joint à cette note un état approximatif du personnel de ces corps, pour quelques villes. Cet état a été dressé d'après la superficie et la population des villes, comparées à celle de Paris; ces données suffiront pour que chaque grande cité puisse calculer à peu près le nombre d'hommes dont elle aurait besoin, ainsi que la dépense qu'exigeraient leur solde et leur entretien.

L'étendue et la population des villes sont évidemment les deux principaux éléments qui doivent servir à déterminer le nombre des postes nécessaires à établir dans chaque ville; ces postes doivent être distribués de manière que les secours puissent, dans quelques minutes, être portés sur les points intermédiaires; le nombre d'hommes de chaque poste doit être fixé en raison du plus ou moins d'agglomération de la population. En prenant pour terme de comparaison le nombre de postes qui desservent la capitale, dont la surface est d'environ 42 millions de mètres carrés, on mettrait dans chaque ville un poste pour une surface de 1,300,000 mètres carrés : Bordeaux aurait six postes; Rouen six; Lyon cinq; Marseille quatre; Caen trois; Toulouse trois; le Hâvre un poste, etc.

La prudence exige qu'une garde de sapeurs-pompiers soit établie dans chaque théâtre; cette garde est composée au moins d'un caporal et deux sapeurs; les villes de Lyon et de Bordeaux ayant deux théâtres, et les autres un seul, le nombre d'hommes de garde pour la ville et les théâtres serait, à bordeaux, vingt-quatre ; à Rouen vingt-un ; à Lyon vingt-un; à Marseille quinze ; à Caen douze ; à Toulouse douze; au Hâvre six, etc.

D'après les règlements militaires, un homme ne doit monter la garde que tous les trois jours, et il est d'expérience que l'effectif d'une troupe doit être augmenté d'un vingtième, pour réparer les pertes que fait cet effectif, par les hommes malades, en permission, etc.

D'après ces considérations, le nombre des caporaux et soldats du corps de sapeurs-pompiers serait : à Bordeaux de soixante-seize hommes ; à Rouen soixante-six; Lyon soixante-six; à Marseille quarante-sept.; à Caen trente-huit ; au Hâvre dix-neuf, etc.

Mais à Lyon la population est de vingt-neuf habitants par 1000 mètres carrés, et à Marseille de vingt-cinq par 1000 mètres; tandis qu'à Paris elle n'est que de vingt-un habitants pour la même surface. Le service tel que nous venons de l'établir, en ne considérant que les surfaces des villes, serait trop fatigant; en le déterminant d'après le rapport des populations à celle de la capitale, on trouve qu'à Lyon il faudrait cent dix sapeurs-pompiers, et à Marseille soixante-seize.

D'après la nature du service des sapeurs-pompiers, il faut un caporal sur trois hommes : un sergent pour vingt hommes; un officier pour quarante. Il faut un sergent-major par compagnie : ce sergent-major peut remplir les fonctions de fourrier, si la compagnie n'est pas forte.

D'après ces considérations, nous avons dressé le tableau suivant pour la composition des compagnies :

VILLES.	Capitaines.	Lieutenants.	Sous-Lieutenants.	Sergens-majors.	Sergents et fourriers.	Caporaux.	Sapeurs.	Tambours.	TOTAL.
Lyon. . .	1	1	1	1	6	36	74	2	122
Marseille.	1	1	»	1	4	25	51	1	84
Bordeaux.	1	1	»	1	4	25	51	1	84
Rouen. . .	1	1	»	1	3	22	44	1	73
Toulouse.	»	1	»	1	2	12	26	1	43
Caen. . .	»	1	»	1	2	12	26	1	43
Hàvre (le).	»	1	»	1	1	6	13	1	23

Pour évaluer la dépense que chaque ville aurait à faire pour entretenir un corps de sapeurs-pompiers, il est naturel de prendre le tarif des troupes du génie, pour la solde, les masses d'entretien, de boulangerie, de chauffage et d'hôpital.

(*Voir le tableau ci-contre.*)

En faisant l'application de ce tarif aux compagnies déterminées ci-dessus, pour les différentes villes, la dépense en personnel serait pour :

Lyon. . . . . 63,356 f. 90 c.

Marseille 44,113   50

Bordeaux. 44,113   50

Rouen. 38,715   15

Toulouse. 21,706   40

Caen. 21,706   40

Hàvre. 12,457   30

Comme il faut une pompe et un tonneau dans chaque poste, plus une réserve pour les grands incendies, il faut ajouter aux dépenses ci-dessus, celles du matériel consistant en achats de

GRADES.	SOLDE par jour.		MASSES				DÉPENSE par jour.		DÉPENSE par an.	
			d'entre-tien.	de boulan-gerie.	de chauffage.	d'hôpital.				
	f.	c.	f. c.	fr. c.	f. c.	f. c.	f.	c.	f.	c.
Capitaine.	»	»	» »	» »	» »	» »	»	»	2500	»
Lieutenant.	»	»	» »	» »	» »	» »	»	»	1500	»
Sous-Lieutenant. . . .	»	»	» »	» »	» »	» »	»	»	1300	»
Sergent-Major. . . .	1	49	» 40	» 20	» 14	» 03	2	26	824	90
Sergent et Fourrier. .	1	03	» 40	» 20	« 14	» 03	1	80	657	»
Caporal.	»	76	» 40	» 20	» 07	» 03	1	46	532	90
Sapeur.	»	53	» 40	» 20	» 07	» 03	1	23	448	95
Tambour.	»	51	» 40	» 20	» 07	» 03	1	21	441	65

pompes, tonneaux, agrès, etc., loyer de bâtiments pour casernes et postes, éclairage, literie, frais d'administration, etc.
Toutes ces dépenses peuvent être évaluées à 180 francs par
homme, comme à Paris; ainsi la dépense totale pour les villes serait :

VILLES.	PERSONNEL.		MATÉRIEL.		TOTAL.	
	f.	c.	f.	c.	f.	c.
Lyon.....	63356	90	21960	»	85316	90
Marseille...	44113	50	15120	»	59233	50
Bordeaux...	44113	50	15120	»	59233	50
Rouen....	38715	15	13140	»	51855	15
Toulouse...	21706	40	7740	»	29446	40
Caen.....	21706	40	7740	»	29446	40
Hàvre (le)..	12457	30	4140	»	16597	30

Si cette dépense paraissait trop forte, on pourrait ne payer
que les hommes de service, en leur infligeant une punition
sévère lorsqu'ils abandonneraient leurs postes : on pourrait
aussi, pour rendre plus facile un rassemblement en cas de besoin, les forcer à loger dans le même quartier; mais nous per-
sistons à croire qu'une organisation militaire serait infiniment
meilleure.

Cherchons, en effet, quelle serait la dépense à faire, en supposant qu'on ne payât que les hommes de service chaque jour;
comparons-la à celle qui résulterait du paiement de tout le
corps organisé militairement; et voyons si l'économie qui en
résulterait pourrait être mise en parallèle avec la différence
qu'on trouverait dans l'efficacité du service dans ces deux cas.

En ne payant que les hommes de service chaque jour, il
faut néanmoins conserver toujours la solde des officiers, du
sergent-major et du tambour; donner aux sergents, caporaux

et soldats de service, une plus forte paie, et porter cette paie à la valeur d'une journée de travail de leur état, plus une nuit. Ainsi pour Lyon, par exemple, on aurait à payer :

1 capitaine.	6 f.	80 c.
1 lieutenant	4	50
1 sous-lieutenant.	3	60
1 sergent-major.	2	26
1 sergent.	5	»
5 caporaux	20	»
10 sapeurs	30	»
1 tambour.	1	21
Total.	73 f. 37 p. 1 jour.	

Donc, pour un an, le personnel coûterait 26,780 f. 05 c.

Il faut en outre, pour que le corps ait une bonne tenue, donner à chaque homme un casque tous les dix ans, et tous les trois ans un habit, une veste, une capote, deux pantalons de drap et un bonnet de police, ce qui fait une dépense totale par an de 7,000

Total. 33,780 05

Or, nous avons vu que la dépense du corps, organisé militairement, pour le personnel, serait de. 63,356 90

Différence. . . . 29,575 85

Le matériel restant le même dans les deux cas, il y aurait donc, pour Lyon, une différence de 29,575 fr. 85 c., somme qui, pour une ville d'une aussi grande étendue et où l'industrie emploie des capitaux immenses, ne peut être mise en balance avec les avantages que présente un service militaire comparé avec un service qui ne l'est pas.

Les calculs que nous venons d'établir ne pourraient être

applicables qu'aux villes de 20,000 âmes et au-dessus ; nous
voyons qu'ils donnent environ un sapeur-pompier pour 1,500
habitants ; si l'on appliquait cette base à une ville de 3,000
âmes, par exemple, on n'aurait que deux sapeurs-pompiers,
nombre évidemment insuffisant pour manœuvrer une pompe.

Comme il est à désirer que les petites villes puissent avoir
aussi des sapeurs-pompiers, nous pensons qu'on pourrait déterminer le nombre d'hommes à mettre dans chaque ville au-
dessous de 20,000 âmes, sans avoir égard aux superficies.

Pour connaître la composition numérique des corps de sapeurs-pompiers nécessaires à chaque ville, nous avons établi
une base pour les plus petites localités, et nous en avons déduit
le nombre d'hommes à placer dans celles qui sont plus éten-
dues.

Le nombre d'hommes à mettre dans chaque localité ne pouvant pas être exactement en proportion avec les populations,
nous avons établi les séries suivantes :

1re *série.* Villes de   1,500 âmes et au-dessous jusqu'à 3,500
2e   *id.*   *id.*   de   3,500   *id.*   à   5,000
3e   *id.*   *id.*   de   5,000   *id.*   à   6,500
4e   *id.*   *id.*   de   6,500   *id.*   à   12,500
5e   *id.*   *id.*   de 12,500   *id.*   à   29,000
6e   *id.*   *id.*   de 20,000   *id.*   à   31,000
7e   *id.*   *id.*   de 31,000   *id.*   et au-dessus.

Dans une ville de 1,500 habitants et au-dessous, il peut se
déclarer un incendie assez considérable pour qu'il soit nécessaire de mettre deux pompes en manœuvre ; et, comme deux
hommes du métier, au moins, sont nécessaires pour une
pompe, il faudra cinq hommes, y compris un chef.

Pour une population de 3,500 âmes à 5,000, il faudra six
hommes, y compris un chef.

Pour celle de 6,500 à 12,500 âmes, il faudra neuf hommes,
y compris un chef.

Pour celle de 12,500 à 20,000 âmes, il faudra quinze hommes.

Enfin, au-dessus de 20,000 âmes, le service devenant plus considérable et exigeant plusieurs postes, on l'établira comme nous l'avons indiqué ci-dessus, d'après la population et la superficie des villes.

Les tableaux joints à cette note feront connaître quelle doit être la composition du personnel et du matériel dans toutes les villes de 1,500 âmes et au-dessus, et ce qu'il en coûterait pour solder le service.

Il est à remarquer que beaucoup de villes ont déjà un matériel, et que, par conséquent, la dépense sera à diminuer d'autant.

La difficulté d'établir, dans toutes les petites villes, un corps de sapeurs-pompiers permanents, résultera du peu de revenu de ces villes : pour lever cette difficulté, nous pensons que le gouvernement devrait se charger de l'organisation générale de ces corps, sauf à faire contribuer chaque ville pour une somme en rapport avec ses revenus, et à subvenir au surplus de la dépense ; les grandes villes pouvant se suffire, les petites seules auraient besoin de ce secours.

Le gouvernement pourra accueillir favorablement l'organisation projetée, s'il considère qu'on dépense annuellement des sommes considérables pour indemniser les villes des pertes occasionées par les incendies qui auraient pù, en partie, être étouffés avec des secours prompts et bien dirigés ; que ces indemnités, toutes fortes qu'elles sont, ne représentent qu'une faible partie des dommages causés aux particuliers, et que ces évènements paralysent souvent, pendant plusieurs années, l'industrie des villes incendiées.

Le moyen d'organiser facilement les corps de sapeurs-pompiers permanents des villes, serait de créer dans chaque département une compagnie qui enverrait des détachements dans les villes de son ressort, et dont la composition numé-

rique varierait en raison du nombre de villes que renferme-
rait le département et de l'importance de ces villes. Les détachements seraient inspectés, pour l'instruction, la tenue du
matériel, etc..., par les officiers de la compagnie qui réside-
raient dans les principales villes du département.

De temps à autre, le gouvernement pourrait ordonner une
inspection générale par un chef supérieur, pour être assuré
que le service se fait avec toute la régularité et la ponctualité
nécessaires.

Le projet dont il s'agit n'exclut nullement du service les
compagnies de sapeurs-pompiers civils, attendu que le nombre des sapeurs-pompiers militaires, pour chaque ville, serait
fort petit; que ces derniers ne seraient institués que pour arriver sur le lieu de l'incendie aussitôt qu'il se déclarerait, afin
de donner les premiers secours et maîtriser le feu, en attendant que les sapeurs-pompiers civils pussent arriver.

Les sapeurs-pompiers militaires seraient instructeurs et
gradés, si on le jugeait convenable, dans la compagnie des
sapeurs civils. Ils feraient la reconnaissance des lieux incendiés, disposeraient les pompes, tiendraient la lance et seraient, en général, chargés de toutes les parties périlleuses
du service. Les sapeurs civils conduiraient les tonneaux,
manœuvreraient les leviers, feraient la chaîne, etc.; par
cette combinaison, on aurait, aussitôt qu'un incendie se manifesterait, tous les secours nécessaires pour le combattre.

Nous allons donner des exemples qui vont servir à déterminer de suite, pour chaque ville, quelle devrait être la dépense en personnel et matériel, suivant la catégorie dans laquelle elle se trouve placée par suite de sa population.

NUMÉROS DES SÉRIES.		Chef de bataillon ou lieutenant-colonel.	NOMBRES D'OFFICIERS, SOUS-OFFICIERS, CAPORAUX ET SAPEURS-POMPIERS nécessaires pour chaque catégorie.									NATURE. DES OBJETS QUI DOIVENT COMPOSER LE MATÉRIEL DES INCENDIES pour chaque catégorie.										DÉPENSES	
			Capitaines.	Lieutenants.	Sous-lieutenants.	Sergents-majors.	Sergents et fourriers.	Caporaux.	Appointés.	Sapeurs.	Tambours.	Pompes.	Tonneaux.	Cordages.	Haches.	Échelles à crochets.	Clefs à démonter.	Sacs de sauvetage.	Seaux à incendie.	Torches.	Demi-grenières.	pour le PERSONNEL.	pour premier établissement du MATÉRIEL.
1	Villes de 1,500 à 3,500.	»	»	»	»	»	»	1	»	4	»	2	1	2	2	2	2	1	100	6	3	2,329.70	3,433.00
2	Id. de 3,500 à 5,000.	»	»	»	»	»	»	1	1	4	»	2	1	2	2	2	2	1	100	6	3	2,825.40	3,433.00
3	Id. de 5,000 à 6,500.	»	»	»	»	»	»	1	2	4	»	2	1	2	2	2	2	1	100	6	3	3,321.50	3,433.00
4	Id. de 6,500 à 12,000.	»	»	»	»	»	1	1	1	6	»	3	1	3	3	4	2	2	150	9	4	4,380.00	4,090.00
5	Id. de 12,500 à 20,000.	»	»	»	»	»	1	2	2	10	»	4	2	4	4	5	2	2	200	12	6	7,203.10	6,680.00
6	Id. de 20,000 à 31,000.	»	»	»	1	1	1	3	5	12	1	5	2	5	5	5	2	2	250	15	8	11,755.60	8,388.51
7	Id. de 31,000 et au-dessus, ou qui, par leur étendue et les richesses qu'elles renferment, doivent avoir un service plus complet, telles que :																						
8	HAVRE (le). . . . . 12,457 . . .	»	»	»	1	1	1	3	3	12	1	5	2	5	5	5	2	2	250	15	8	11,755.60	8,388.50
9	CAEN. . . . . 21,706 . . .	»	»	1	1	1	2	6	6	26	1	5	2	5	5	5	2	2	250	15	8	23,485.80	8,388.50
10	TOULOUSE. . . . . 21,800 . . .	»	»	1	1	1	2	6	6	32	1	6	2	6	6	5	2	2	300	24	9	25,977.50	9,020.00
11	ROUEN. . . . . 58,715 . . .	»	1	1	»	1	3	11	11	44	2	7	3	7	7	5	4	2	350	24	9	38,864.80	11,356.00
12	MARSEILLE. . . . 44,000 . . .	»	1	1	1	1	4	13	13	51	1	7	3	7	7	5	4	2	350	24	9	44,220.65	11,356.00
13	BORDEAUX. . . . 44,115 . . .	»	1	1	1	1	6	18	18	74	2	7	3	7	7	5	4	2	350	24	9	65,809.40	11,356.00
14	LYON. . . . . . 63,356 . . .	»	1	1	1	1	6	18	18	74	2	7	3	7	7	5	4	2	350	24	9	65,809.40	11,356.00
15	PARIS. . . . . 800,000 . . .	1	4	4	7	5	24	144	436	144	8	78	46	»	»	»	»	»	»	»	»	354,482.85	90,940.00*
																							*Pour frais d'administration et entretien du matériel seulement.

Tarif de la solde et des masses.

GRADES.	Solde par jour.	MASSES				Dépense par jour.	DÉPENSE par an.
		d'entretien.	de boulan-gerie.	de chauffage.	d'hôpital.		
	fr. c.	fr. c.	fr. c.	fr. c.	fr. c.	fr. c.	fr. c.
Capitaine. . . .	» »	» »	» »	» »	» »	» »	2,500.00
Lieutenant. . .	» »	» »	» »	» »	» »	» »	1,500.00
Sous-lieutenant.	» »	» »	» »	» »	» »	» »	1,300.00
Sergent-major .	1.49	0.40	0.20	0.14	0.03	2.26	824.90
Sergent.	1.03	0.40	0.20	0.14	0.03	1.80	657.00
Caporal.	0.76	0.40	0.20	0.07	0.03	1.46	532.90
Appointé. . . .	0.66	0.40	0.20	0.07	0.03	1.36	496.40
Tambour. . . .	0.66	0.40	0.20	0.07	0.03	1.36	496.40
Sapeur.	0.53	0.40	0.20	0.07	0.03	1.23	448.95

Tarif du matériel des incendies.

Matériel compris dans la 1re colonne du tableau ci-dessus, et sous la désignation de pompe.

| Pompe à incendie (modèle de Paris). . . . . 803.50 |
| Charriot de pompe. . . . . . 180.00 |
| Lance en cuivre. . . . . . 22.00 |
| 2 tamis d'osier. . . . . . 4.00 |
| 2 leviers de manœuvre. . . 5.00 |
| 1 boudin garni de ses deux vis. 14.00 |
| 1 sac de toile cirée pour contenir 15 seaux. . . . . . . 5.00 |
| 1 couverture de pompe en toile imperméable. . . . . 25.00 |

1,058.50

Tonneau à incendie (modèle de Paris). . 373.00

Cordage. 12.00

Hache. 10.00

Sapeur-Pompier.

5

Echelle à crochets. 40.00
2 clés à démonter les pompes. . . . 10.00
Sac de sauvetage. 120.00
Seaux à incendie, en toile à voile. . . 2.75
Torche. 1.50
Demi-garniture de 16 mètres 24 centim.
(50 pieds) de longueur. 155.00

La petite brochure que j'ai fait paraître, en avril 1832, sur l'organisation à donner aux sapeurs-pompiers de province, et qui précède, n'a pu être mise à exécution, attendu que les villes ont reculé devant la dépense qu'elle exigeait ; cependant il faut convenir qu'elle a fait réfléchir ceux qui sont chargés de l'administration et de la direction des incendies, puisque M. le ministre de l'intérieur a jugé indispensable d'envoyer à tous les maires des villes de France un exemplaire de l'ouvrage qu'il m'a engagé à rédiger sur cet important service. Mais je pense que cela ne suffit pas, et dans le but d'arriver à propager promptement les bonnes doctrines, et d'avoir en peu de temps et partout des hommes exercés à l'extinction des incendies, j'ai cru devoir émettre de nouvelles idées plus faciles à mettre à exécution, en adressant à MM. les ministres de la guerre et de l'intérieur le projet ci-joint, qu'ils ont accueilli avec faveur et dont ils m'ont témoigné leur reconnaissance, en m'adressant l'un et l'autre, par écrit, des félicitations sur le zèle que je mets à m'occuper de travaux éminemment utiles au bien public.

PROJET D'ORGANISATION DES SAPEURS-POMPIERS DANS LES RÉGIMENTS.

Le besoin d'un service régulier de sapeurs-pompiers pour la province se fait de plus en plus sentir. Partout on n'entend parler que d'incendies qui ne se bornent pas à la destruction d'une ou deux maisons, mais qui dévorent en entier des villages, des cités.

Les sapeurs-pompiers, comme je l'ai déjà dit dans la brochure ci-dessus, publiée en 1832, ne pourront rendre des services efficaces que lorsqu'ils seront organisés militairement ; les succès qu'obtiennent les sapeurs-pompiers de Paris ne tiennent qu'à leur bonne organisation ; bien qu'elle ne soit pas encore ce qu'elle devrait être.

Nul ne peut révoquer en doute que c'est à Paris, au milieu de l'industrie la plus dangereuse, que les sinistres ont les résultats les moins affligeants ; puisque la perte moyenne n'est évaluée qu'à 500,000 francs par an. Eh bien ! je le répète ; c'est à son organisation militaire que ce corps doit ses bons services.

Mais, dira-t-on, les villes ne peuvent faire les dépenses nécessaires pour solder les pompiers, comme le fait la ville de Paris ; elles ont déjà trop de charges. Je comprends cette objection pour les petites villes, bien qu'il ne leur fallût pas, comme je l'ai dit dans ma brochure précitée, une compagnie entière soldée, mais seulement un noyau d'hommes instruits au métier, toujours chargés de monter la garde et d'être prêts au premier signal. Mais pour les villes populeuses, riches, manufacturières, telles que Lyon, Bordeaux, Toulouse, Rouen, etc..., cette objection ne peut être admise ; il suffirait d'une légère augmentation sur les impôts pour former la somme nécessaire ; chacun y consentirait pour la sûreté de ses propriétés, et ce, d'autant plus volontiers, que cette augmentation d'impôt pourrait être couverte par la réduction que cette organisation opérerait nécessairement dans le prix des assurances à prime ; comme cela a lieu à Paris. Cette mesure ne serait même pas nuisible aux compagnies d'assurances, parce que la prime moins forte engagerait un plus grand nombre de petits propriétaires à se faire assurer, et que cette organisation ne diminuerait pas les causes d'incendie, mais seulement atténuerait les dangers.

Or, quelle est la grande ville riche, manufacturière, qui

ne gagnerait pas à une pareille mesure, puisqu'une seule maison, une seule manufacture, vaut plus que le prix que coûterait annuellement cette organisation. Voyez Hambourg, qui a eu 1972 maisons brûlées, lorsque le sinistre devait se réduire à une maison, et au plus à un îlot de 15 ou 20 maisons.

Mais admettons la supposition que les villes, en général, ne puissent faire cette dépense? Pourquoi le gouvernement ne viendrait-il pas à leur aide? Pourquoi M. le ministre de la guerre et M. le ministre de l'intérieur ne s'associeraient-ils pas pour obtenir ce résultat, qui leur ferait une réputation immortelle? Pourquoi M. le ministre de l'intérieur ne s'adresserait-il pas à son collègue de la guerre pour l'engager à placer dans chaque ville populeuse, une compagnie d'infanterie, qui serait dressée au service des incendies, tout en faisant faire à ces soldats l'exercice d'infanterie comme le font les sapeurs-pompiers de Paris. Cela paraît d'autant plus naturel que ce sont toujours les militaires qui sont chargés de l'extinction des incendies dans les villes de garnison.

Mais, dira-t-on, en cas de changement de destination du régiment, que fera-t-on? La compagnie restera détachée, ce ne sera pas chose extraordinaire; cela ne sera pas même nécessaire, parce que chaque régiment ayant au moins une compagnie qui aura fait ce service, une compagnie du nouveau régiment qui arrivera, remplacera celle qui partira.

On objectera encore le temps de guerre. En temps de guerre, si la garnison est obligée de partir, les bourgeois feront le service comme ils le font actuellement, attendu qu'ils doivent rester organisés pour servir d'auxiliaires à la compagnie militaire.

Enfin, on dira peut-être que ce service ne rentre pas dans les attributions des militaires. Je répondrai que les soldats font ce qu'on exige d'eux; en plaçant dans ces compagnies des hommes appelés, appartenant à la ville ou au département, ils regarderont cela comme une faveur; ils seront enchantés de servir là plutôt qu'au loin. D'ailleurs, pourquoi n'emploie-rait-on pas la troupe à ce service, à une époque où on se plaît à reconnaître que les travaux des routes, des canaux, des for-tifications, doivent être, autant que possible, faits par les mi-litaires? Le service d'un pompier est-il donc moins utile, moins honorable que celui d'un maçon, d'un terrassier, lui qui est le garant de la tranquillité publique et des fortunes?

D'après ce qui précède, je pense donc que le gouvernement devrait affecter à chaque ville 10, 15, 20, 50, 100 hommes, suivant son importance, avec les officiers et sous-officiers né-cessaires pour les commander. Ces hommes recevraient la solde et les masses de la guerre ; la ville les logerait, fourni-rait le matériel des incendies, et leur donnerait une haute-paie pour subvenir à l'achat de quelques parties de l'équi-pement.

Ces militaires seraient chargés de l'extinction des incen-dies, et seraient en même temps instruits aux manœuvres d'infanterie, comme les pompiers de Paris. De cette manière, on aurait des secours réguliers partout, sans plus de frais pour le département de la guerre. Ces troupes seraient in-spectées comme celles de l'armée ; à un signal de guerre, elles rejoindraient leurs corps respectifs, et les compagnies bourgeoises qui, comme nous l'avons dit, seraient conservées, les remplaceraient.

De plus, ces troupes rentrant dans leurs foyers au fur et à mesure des libérations, formeraient en peu de temps la masse des compagnies bourgeoises, qui seraient alors aussi instruites que les compagnies militaires et les remplaceraient bien plus utilement au besoin.

On obtiendrait par ce moyen :

Régularité dans le matériel ; régularité dans les moyens de secours ; obéissance complète au moment du danger, et une grande célérité pour les départs ; tous avantages immenses.

Une pareille institution honorerait à jamais les ministres qui l'auraient créée.

Si ce mode présentait trop de difficultés, à cause du morcellement des troupes, on pourrait du moins avoir dans chaque régiment un certain nombre d'hommes, une compagnie ou une demi-compagnie, exercés à l'extinction des incendies; et, pour faciliter cette instruction, on pourrait initier les élèves de l'école de Saint-Cyr, qui sont la pépinière d'où sortent les officiers d'infanterie, à ce genre de service, et ce serait à eux que serait confié le soin de former les soldats-pompiers.

COMPOSITION DU CORPS DES SAPEURS-POMPIERS A PARIS.

Le corps des sapeurs-pompiers est composé de 623 sous-officiers, caporaux et soldats; de 5 capitaines, 4 lieutenants, 5 sous-lieutenants, 1 trésorier, 2 chirurgiens et 2 adjudants.

Ces 623 hommes sont divisés en 4 compagnies placées aux quatre points cardinaux de la capitale; il y a dans Paris 38 postes de ville, y compris les postes des 4 casernes et celui de l'état-major, plus ceux de 15 théâtres. Les postes de ville sont munis d'une pompe armée et d'un tonneau. Ceux des casernes ont 7 et 8 pompes, et l'état-major en a autant.

Chaque poste est composé de 3 hommes, nécessaires pour traîner une pompe munie de tous ses agrès, et pour la mettre en manœuvre, en prenant des bourgeois pour travailleurs.

Lorsqu'un grand feu se déclare pendant la nuit, et qu'il se fait un départ d'une caserne, un coup de sonnette indique le départ, et tous les hommes commandés dès la veille se rendent dans la cour à leur poste.

Un appareil de sonnette est nécessaire dans chaque caserne. Le corps a journellement 210 hommes de service de vingt-quatre heures.

Lorsqu'un avertissement pour le feu est fait, le poste auquel on s'est adressé part avec sa pompe, se transporte sur le lieu de l'incendie, fait tout de suite prévenir à la caserne la plus voisine, et établit.

Pour que cette pompe puisse être ainsi traînée par 3 hommes, il faut qu'elle soit placée sur un charriot.

Il entre donc, dans la composition de la pompe, deux parties bien distinctes :

1º Un charriot de pompe pour placer la pompe et la transporter ;

2º La pompe proprement dite, armée de tous les agrès nécessaires pour attaquer un feu quelconque et pour sauver les personnes par les croisées, si les escaliers n'étaient plus praticables. Il faut donc, avant de donner la manière de se servir de la pompe, faire connaître toutes les parties qui composent le charriot et la pompe, et ce à quoi chacune de ces parties est destinée, afin que les hommes puissent facilement remonter la pompe après l'avoir démontée, et connaissent ensuite le mécanisme de la machine qu'ils sont appelés à manœuvrer journellement.

POMPES A TRAIN.

Dans plusieurs pays, en Russie, en Allemagne, en Angleterre, on se sert de pompes à train, attelées de chevaux ; on paie une prime à celle des pompes qui arrive la première, une prime moins forte à celle qui arrive la deuxième, etc..., et l'on inflige une amende à celles qui arrivent les dernières. Certainement ce moyen est excellent pour faire arriver promptement les secours et stimuler le zèle ; mais il a l'inconvénient d'être fort dispendieux et de ne pouvoir être applicable dans toutes les localités. En effet, dans les grandes villes, où il y a beaucoup de postes à établir, il faudrait autant de chevaux que de postes, le même nombre d'hommes pour manœuvrer la pompe, et un homme en sus pour garder le cheval et le train pendant qu'on manœuvrerait, ou pour le conduire à l'écurie si la manœuvre devait durer longtemps, sans compter tous les accessoires de harnachement, nourriture, achat et remplacement de chevaux.

Il est vrai qu'on fatiguerait moins les hommes; mais on pourrait arriver au même but en augmentant le nombre d'hommes au moyen de la somme destinée à avoir des chevaux et à les nourrir.

Le plus grand inconvénient serait de laisser des chevaux attelés toute la nuit, ce qui, pourtant, serait indispensable, sans quoi on mettrait huit ou dix minutes avant de partir; on les fatiguerait donc énormément, et l'on aurait souvent à les remplacer.

On ne pourrait faire ce service dans Paris et les autres ville de France, parce que beaucoup de rues sont trop étroites, et qu'on ne pourrait tourner facilement; que ces pompes, naturellement plus volumineuses, ne pourraient être transportées dans toutes les allées, et même dans les escaliers, lorsque cela est nécessaire; on ne pourrait approcher avec les chevaux qu'à une certaine distance du lieu de l'incendie, sans quoi on occasionerait un grand encombrement.

Avec des hommes, au contraire, qui sont couchés habillés sur leur lit de camp, en une minute et moins, le départ est effectué, et la pompe arrive, quelle que soit l'exiguité du passage. D'après tous ces motifs, je regarde le mode en usage à Paris, pour conduire les pompes à l'incendie, comme le meilleur de ceux employés jusqu'à ce jour.

Depuis quelques années, beaucoup de fabricants de pompes sont venus m'engager à changer le système actuel, et m'ont offert de nouveaux modèles, qui, disaient-ils, fonctionnaient avec plus de vélocité, et lançaient le jet avec plus de force et l'eau en plus grande quantité.

J'ai examiné ces pompes, que j'ai trouvées bonnes, fonctionnant facilement, peut-être meilleures que celles dont nous nous servons, mais ne pouvant être adoptées pour notre service.

En effet, il faut que la pompe qui doit être affectée au corps des sapeurs-pompiers de Paris, tel qu'il est organisé actuellement, satisfasse à plusieurs conditions indispensables :

1° Qu'elle ne pèse, avec ses agrès et le charriot, qu'un poids déterminé pour pouvoir être transportée sur le lieu de l'incendie par les trois hommes qui composent un poste ;

2° Qu'elle n'ait que le volume nécessaire pour passer dans toutes les rues ; qu'elle puisse y être manœuvrée facilement, et être transportée dans toutes les entrées et les escaliers mêmes, afin de diminuer la longueur de boyaux à développer lorsque le feu est dans un étage élevé, et de conserver au jet toute sa force ;

3° Qu'elle porte son jet à une distance de 20 à 26 mètres (60 à 80 pieds), et qu'elle ait une longueur de levier déterminée pour que six hommes puissent la manœuvrer ;

4° Enfin, qu'elle ne coûte qu'une somme déterminée, attendu que le budget est fixé pour le matériel et le personnel, et que le nombre de pompes est lui-même fixé par le nombre de postes existants et les réserves qui sont nécessaires.

Or, je n'ai trouvé jusqu'ici que la pompe dont on se sert actuellement, qui remplisse toutes ces conditions ; elle est en même temps simple, commode, peut être démontée et remontée par un sapeur quelconque, et réparée par un ouvrier peu habile.

On trouvera cette pompe chez M. Guérin, ancien adjudant-major du corps des sapeurs-pompiers, qui a un atelier considérable, et s'est occupé depuis quelque temps, avec succès, de plusieurs changements utiles. C'est ce fabricant qui fournit au corps les pompes dont il a besoin.

RÉFLEXIONS SUR LES POMPES DE GRANDES DIMENSIONS.

Presque tous les officiers de sapeurs-pompiers des villes de France pensent qu'il y a avantage à faire construire des pompes très-volumineuses, dans le but d'avoir un jet très-fort, et de lancer une plus grande quantité d'eau dans un temps déterminé. C'est une erreur que j'ai cherché à détruire dans l'esprit de tous ceux qui m'ont fait l'honneur de me consulter à ce sujet. Néanmoins, je vois tous les jours qu'on persiste dans ce système, et que dans certaines localités on fait même construire des pompes qu'on appelle *pompes monstres*.

Cependant, pour peu que ceux qui n'ont pas d'expérience veuillent réfléchir, et que tous ceux qui ont de la pratique veuillent se rendre compte de ce qu'ils ont dû observer dans l'extinction des incendies, il est impossible qu'ils ne reconnaissent pas avec moi que tout ce qui est au-dessus d'une certaine puissance, dans une pompe à incendie, est complètement inutile et même nuisible.

Pour bien comprendre mon idée, il faut d'abord accepter pour principes :

1° Qu'on ne doit jamais attaquer un feu en jetant l'eau d'une grande distance, parce que cette eau n'arrive que fort divisée et ne produit jamais un bon effet, tandis qu'elle peut, dans certaines circonstances, en produire de très-mauvais en activant le feu, surtout lorsqu'il fait du vent;

2° Qu'il faut que celui qui tient la lance soit le plus près possible du feu, afin de bien diriger son jet, qui, arrivant compacté sur le foyer, non-seulement le noie, mais encore agit par sa force pour détruire les charbons au fur et à mesure qu'ils se forment. L'eau arrivant avec vigueur, entre fort avant dans les pores du bois, en sorte qu'il ne peut plus s'enflammer et ne fait que se noircir, comme cela arrive lorsqu'on brûle du bois humide dans une cheminée.

3° Que, dans l'extinction d'un incendie, le foyer principal n'est pas le point dont on doit s'occuper spécialement, mais que c'est sur ce qui l'environne que doit se porter toute la sollicitude des sapeurs, afin d'empêcher le feu de faire des progrès.

En attaquant le foyer principal, on ne sauve que des charbons; en attaquant le pourtour, on sauve les édifices qui sont encore intacts.

Ces principes sont irrécusables, et sont ceux que les sapeurs-pompiers de Paris mettent en usage tous les jours avec un grand avantage.

Ceci posé, il est facile de voir que lorsqu'un incendie est un peu considérable, il y a, sur le pourtour du foyer principal, une foule de points vulnérables, et que ce sont ces points qu'il faut préserver; il faut donc avoir assez de jets pour pouvoir arrêter l'envahissement du feu sur ces divers points, et il ne faut pas beaucoup d'eau pour cela; il suffit que la manœuvre soit continue et que le jet soit dirigé avec discernement (1). Or, chaque pompe n'a qu'un jet; il faut donc pouvoir multiplier le nombre des pompes au besoin.

Si on a des pompes fortes, au lieu de pompes moyennes, elles coûteront beaucoup plus cher; et les revenus de la ville ou de la commune ne pourront permettre d'en avoir un grand nombre de ce calibre.

Les pompes d'un grand volume seront traînées difficilement par les hommes, à moins qu'on n'en mette un grand nombre pour la manœuvre; il en résultera un encombrement de personnel sur le même point, ce qui est un inconvénient énorme. Si on conduit la pompe au moyen de chevaux, la dépense sera plus forte et l'encombrement encore plus grand.

Si la pompe doit jeter une plus grande quantité d'eau à la fois, les tuyaux seront très-gros, coûteront très-cher, seront très-difficiles à remuer lorsqu'ils seront pleins d'eau, et cependant il faut pouvoir les mouvoir facilement, puisqu'ils sont susceptibles d'être déplacés à chaque instant. Si on a un établissement vertical à faire, il deviendra impossible, à cause de la pesanteur des boyaux.

_____

(1) Il ne faut pas oublier néanmoins qu'une pompe moyenne lance 240 litres d'eau à la minute.

Les grosses pompes se manœuvrent ordinairement sur le charriot; elles ne peuvent être établies que dans les rues, et cependant on a souvent un grand avantage à les mettre sous les portes cochères pour éviter la chute des tuiles, ou à les placer dans les cours, afin d'attaquer le bâtiment sur plusieurs faces en même temps. Il peut même arriver qu'on ait à les faire entrer par des portes ordinaires et même à les monter dans les étages des maisons.

Si on veut les mettre sur leur patin, la manœuvre est difficile, et encore, dans cette circonstance, elles sont trop volumineuses pour entrer par les portes ordinaires.

Enfin plusieurs pompes moyennes manœuvrant en même temps et d'une manière continue, lancent, dans un temps déterminé, autant d'eau qu'un moins grand nombre de pompes plus fortes; cela revient donc au même quant à la quantité de liquide débité, mais cela vaut infiniment mieux, par le plus grand nombre de points attaqués.

Je me résume, et je persiste à dire qu'il vaut mieux avoir un grand nombre de pompes moyennes qu'un moindre nombre de grosses pompes.

Qu'une pompe, sur son charriot, doit pouvoir être traînée par trois hommes au moins ; qu'elle doit pouvoir être établie par ces trois hommes aidés par des travailleurs destinés à manœuvrer le balancier.

Que les pompes dont on se sert dans le corps des sapeurs-pompiers à Paris, sont, jusqu'à ce jour, celles qui remplissent le mieux toutes les conditions voulues de facilité de manœuvre, de volume, de poids, de force de jet, de bon effet et de prix modéré.

NOMENCLATURE

DE LA POMPE A INCENDIE, DONNANT LA MANIÈRE
DE LA DÉMONTER ET DE LA REMONTER.

DU CHARRIOT.

Le charriot se compose ainsi qu'il suit :

Deux roues, un essieu, deux échantignolles, deux flasques, quatre entretoises, un tablier, une flèche, une traverse le flèche, un heurtoir, une barre d'arrêt, un coffret.

De la roue. — Une roue se compose :

1° D'un moyeu en bois percé d'outre en outre pour le passage de l'essieu, et entouré de quatre cercles en fer destinés à empêcher les fentes de s'ouvrir;

2° D'une boîte en cuivre ou en fer tourné, qui se place dans le trou du moyeu, afin d'empêcher ce trou de s'élargir, ce qui occasionerait des secousses dans la marche;

3° De raies enchâssées dans le moyeu (ces raies sont des morceaux de bois qui vont du moyeu à la circonférence de la roue);

4° De jantes (ces jantes sont des morceaux de bois qui forment la circonférence de la roue, et qui reçoivent l'extrémité des raies);

5° D'un cercle en fer qui entoure les jantes, sur lesquelles il est fixé au moyen de boulons à écrou (1);

De l'essieu. — L'essieu est une pièce de fer carrée, arrondie seulement aux extrémités et dans la longueur qui traverse le moyeu; cette dernière partie s'appelle fusée; elle est percée

---

(1) Au lieu de cercle, quelques roues sont garnies de bandes.

d'un œil à chaque extrémité, pour recevoir une clavette qui empêche l'essieu de sortir des moyeux.

Il y a, entre la clavette et le moyeu, une rondelle pour empêcher le frottement.

Des échantignolles. — Les échantignolles sont deux morceaux de bois entaillés pour laisser passer l'essieu et le maintenir dans sa position ; il y a, au-dessus de l'échantignolle, une bande de fer pour empêcher l'essieu de sortir de son encastrement ; cette bande, ou embrasse, est fixée avec l'échantignolle et le flasque, au moyen de boulons à écrous.

De la caisse du charriot. — La caisse du charriot se compose de deux flasques ou madriers placés sur les côtés et posés sur champ ; ils sont réunis par quatre entretoises ; sur ces entretoises repose le tablier du charriot, composé de plusieurs planches fixées aux entretoises par des clous à boulons.

Sur l'avant est la flèche, qui est fixée à la caisse du charriot par deux boulons pris dans les deux premières entretoises. La tête de la flèche est renflée et percée d'un trou pour recevoir la traverse sur laquelle on s'appuie pour traîner la pompe. La tête de la flèche est garnie d'une coiffe en fer pour la garantir lorsqu'on met flèche à terre ; vers le milieu de la flèche se trouve un crochet pour attacher la chaîne de l'avant au moment où l'on charge la pompe.

A la naissance de la flèche se trouve le heurtoir, qui sert à empêcher la pompe de glisser lorsqu'on met flèche à terre.

Le talon du heurtoir est garni d'une bande en fer recourbée, pour empêcher la pompe de sauter sur le charriot dans les cahots ; il y a sur le heurtoir un crochet pour attacher l'extrémité de la chaîne, plus une des courroies en cuir destinée à attacher la bâche ; la seconde courroie est attachée sous le charriot.

A l'arrière, sur le flasque droit, se trouve une patte à crochet, à laquelle est fixée la barre d'arrêt ; sur le même flasque une patte à tige, dans laquelle on fait entrer la barre d'arrêt quand on veut mettre la pompe à terre, et sur le flasque gauche une patte à piton percée pour recevoir une clavette, afin de fixer la barre d'arrêt; la barre d'arrêt est percée dans son milieu par un trou rond pour recevoir le pivot d'arrêt du patin.

Au-dessous de l'arrière du charriot est un petit coffret qui renferme :

1° Une tricoise pour serrer les raccords et démonter les écrous de l'entablement;

2° Une clef triple pour ouvrir les couvercles des bornes-fontaines et des poteaux d'arrosement;

3° Une clef de bornes-fontaines pour tourner les carrés des robinets et démonter les masques de fonte qui cachent les pas de vis sur lesquels on pourrait monter des boyaux à incendie;

4° Un boulon de rechange et un écrou de rechange pour remplacer celui de l'échelle à crochets;

5° Une commande, ou petit cordage garni d'un porte-mousqueton destiné à monter aux étages des maisons incendiées, soit le sac, soit des outils, des seaux, etc.;

6° Deux mâchoires pour placer autour des boyaux où des fuites d'eau se manifesteraient, afin d'arrêter ces fuites.

Il a été fait des changements au charriot en usage, afin de le rendre plus solide et plus léger.

Ces changements consistent dans le remplacement des entretoises par des boulons à épaulement et à écrous, et dans la suppression du tablier.

DE LA POMPE.

La pompe se compose ainsi qu'il suit :

Le patin, la bâche, la plate-forme, les corps de pompe, la caisse d'entourage, l'entablement, le balancier, les pistons.

Du patin. — Le patin se compose ainsi qu'il suit :

Deux semelles, deux entretoises, un tablier.

Des semelles. Les semelles sont deux pièces de bois de 81 millimètres (3 pouces) d'équarrissage à peu près, arrondies par les bouts, afin de faciliter la manœuvre de la pompe, soit sur le terrain, soit dans les escaliers, lorsqu'on doit monter la pompe dans une maison; elles sont, pour la plupart, garnies aux parties arrondies par des bandes de fer, afin d'éviter qu'elles s'usent par le frottement.

Des entretoises. — Les entretoises servent à joindre les semelles et à empêcher leur écartement; elles sont recouvertes par deux bandes en fer.

Du tablier. — Le tablier est fixé sur les semelles par quatre boulons à écrous, dont deux font partie des pitons à écrous de l'arrière.

Sur l'avant est une patte à crochet à laquelle s'attache la chaîne de manœuvre; sur les deux côtés de l'avant, et aux angles, sont deux poignées en fer servant à la manœuvre de la pompe; elles sont fixées au moyen de boulons à écrous qui traversent les semelles et consolident le système.

Sur le côté gauche se trouve une boîte en cuivre pour recevoir la pièce à deux vis.

On trouve ensuite au milieu quatre longs boulons à écrous qui correspondent aux entretoises et sont rivés sur elles dans la partie inférieure. La partie supérieure de ces boulons est à vis; ils ont la longueur nécessaire pour traverser l'entablement. Aux deux boulons de l'avant sont attachées quatre courroies, dont deux garnies de boucles; ces courroies servent à maintenir les quinze seaux renfermés dans un sac en toile imperméable.

A l'arrière, on trouve deux poignées aux angles, servant à soulever la pompe, et consolidant le système comme celle de l'avant. Deux pitons à écrous pour attacher les chaînes de manœuvre, et enfin une plate-bande sur laquelle est rivé le pivot d'arrêt du patin.

De la bâche. — La bâche est une bassine en cuivre battu,

servant à contenir l'eau que doit lancer la pompe; elle est évasée par le haut; elle a un fond et quatre faces; les angles sont arrondis; dans la partie supérieure se trouve un cordon formé par une tringle en fer, sur laquelle est roulé le cuivre, afin de lui donner de la solidité.

Sur la face gauche, et à la partie inférieure, est percé un trou circulaire pour le tuyau de sortie du récipient.

La bâche contient environ 184 litres d'eau, mais il en reste 44 litres soit dans les cylindres et le récipient, soit en dessous des trous des culasses. La pompe ne débite donc que 140 litres d'eau des 184 mis dans la bâche; ce débit a lieu en 38 secondes; en sorte qu'une pompe peut débiter 220 litres d'eau dans une minute. La bâche se place sur le patin, entre les quatre boulons.

De la plate-forme. — La plate-forme est un madrier qu'on met dans le fond de la bâche; il a la longueur de la bâche, mais non sa largeur.

De chaque côté il y a une allonge, en sorte que la plate-forme touche aux quatre côtés et ne peut vaciller.

Les deux allonges servent à supporter, celle de droite, le tuyau d'aspiration, si la pompe est aspirante et foulante; celle de gauche, le tuyau de sortie du récipient.

Ce tuyau repose sur un taquet.

La surface supérieure de la plate-forme est entaillée de trois cercles, deux aux extrémités pour recevoir les deux cylindres, un plus grand au milieu pour le récipient.

Ces encastrements sont faits pour maintenir le système et faciliter le remontage de la pompe, attendu qu'on n'a pas besoin de tâtonner pour trouver la place que doivent occuper les cylindres et le récipient.

Entre les corps de pompe et le récipient sont placés quatre boulons rivés en dessous et à vis dans la partie supérieure; ces boulons sont assez longs pour traverser l'entablement.

Des corps de pompe. — Le corps de pompe se compose ainsi qu'il suit :

Deux cylindres, un récipient, deux conduits latéraux.

Du cylindre. — Le cylindre est creux, en cuivre fondu, alésé avec soin dans l'intérieur.

Il a pour base un cylindre d'un diamètre extérieur un peu plus grand que lui, qu'on appelle manchon, ou culasse.

La culasse n'a pas de fond ; elle est percée, sur le pourtour, de petits trous pour tamiser l'eau, et de deux trous plus grands et opposés, pour recevoir une tringle en fer lorsqu'on veut la démonter.

Lorsque la pompe est aspirante, la culasse n'est pas percée de petits trous ; mais de deux grandes ouvertures auxquelles on adapte la courbe d'aspiration.

A sa partie supérieure, la culasse a une vis qui entre dans la partie inférieure du cylindre ; cette partie supérieure est percée d'un trou et garnie d'une soupape.

Au-dessus de la culasse, le cylindre est percé d'un trou sur le côté ; il est garni, à la partie supérieure et extérieurement, d'un bourrelet appelé épaulement.

Du récipient. — Le récipient est un vase creux en cuivre battu, percé de trois trous, deux pour les conduits latéraux, un pour le tuyau de sortie.

Les trous du récipient, destinés à recevoir les conduits latéraux, sont garnis de vis.

Des conduits latéraux. — Les conduits latéraux sont deux tubes en cuivre qui réunissent les cylindres du corps de pompe avec le récipient ; ils font corps avec les cylindres, et se joignent au récipient par deux forts raccordements.

A chaque conduit latéral, et à l'extrémité qui entre dans le récipient, se trouve un clapet incliné du cylindre vers le récipient.

Du tuyau de sortie. — Le tuyau de sortie est destiné à débiter l'eau qui est dans le récipient ; il est soudé à ce dernier.

Nota. Les tuyaux latéraux sont à raccordements, au lieu d'être soudés au récipient, afin de réparer plus facilement les clapets, lorsque cela est nécessaire.

La culasse est à raccordement avec le cylindre, pour pouvoir réparer plus facilement la soupape lorsque cela est nécessaire.

De la caisse d'entourage. — La caisse d'entourage est composée de quatre faces seulement ; elles sont percées de trous pour tamiser l'eau. Cette caisse a pour but d'empêcher les ordures qui se trouveraient dans l'eau de s'interposer entre les pistons et les cylindres, et de gêner la manœuvre.

De l'entablement. — L'entablement est un madrier qui recouvre le corps de pompe, repose sur les épaulements des cylindres et consolide tout le système. A cet effet, il est percé de deux grands trous pour recevoir les deux cylindres, et de huit petits trous pour recevoir les huit boulons à écrous, dont quatre appartiennent au patin et quatre à la plate-forme.

A l'avant se trouvent :

1º Une plaque en fer, retenue par un boulon à tête et à écrou, et par quatre vis ; elle est destinée à recevoir le choc du balancier sur l'avant ;

Sur l'épaisseur, il y a un crochet pour attacher la chaîne de manœuvre ; deux courroies pour amarrer les pièces de l'armement de la pompe sont attachées en dessous ;

2º Une bande en fer destinée à empêcher l'entablement de se fendre.

La place de cette bande a été fixée de manière qu'elle corresponde aux boulons du patin, afin de pouvoir, sans inconvénient pour l'entablement, recevoir la pression des écrous ; elle est maintenue par des vis.

Au milieu, et dans le sens de la longueur, se trouvent deux plaques de fer ; elles sont placées de manière à recevoir les boulons de la plate-forme et à supporter la pression des écrous ; elles supportent aussi les poupées, qui sont rivées en dessous.

Sur l'arrière, se trouvent une plate-bande pareille à celle de l'avant, qui reçoit les boulons du patin, et une plaque en fer comme à l'avant, pour recevoir le choc du balancier.

Il y a aussi, sur l'épaisseur de l'entablement, deux crochets pour attacher les chaînes de manœuvre, et deux courroies pour amarrer les pièces de l'armement de la pompe.

Des poupées. — Les poupées sont deux pièces de fer assez fortes, plates, qui reposent sur les plaques de fer placées au milieu de l'entablement, dans le sens de la longueur.

La partie supérieure forme la fourche ; cette fourche reçoit une pièce de cuivre appelée coussinet, composée de deux parties mobiles. Le coussinet reçoit le tourbillon de l'arbre du balancier ; sa partie supérieure est maintenue dans les branches de la fourche au moyen d'une rainure, et est fixée dans cette position par une platine percée de deux trous pour recevoir les vis des extrémités de la fourche ; deux écrous serrent cette platine.

Les coussinets sont en cuivre, pour diminuer le frottement.

Du balancier. — Le balancier est une pièce de fer plate, posée sur champ et renflée dans son milieu ; les extrémités forment le T, et chaque branche du T est recourbée et garnie à son bout d'un œil pour recevoir le levier de manœuvre.

Au renflement du milieu du balancier, et perpendiculairement à ce balancier, est adaptée une pièce de fer appelée arbre, dont les bouts tournés se nomment tourillons, et reposent sur les coussinets des poupées.

Sur ce même balancier sont attachées, par deux assemblages à tête de compas, les tringles qui font mouvoir les pistons dans les cylindres.

Des pistons. — Les pistons sont composés de deux cuirs emboutis, c'est-à-dire ayant reçu la forme d'un godet ; ces godets sont remplis de rondelles en cuir ; d'autres rondelles sont aussi placées entre les godets et les réunissent ; toutes ces pièces sont percées dans leur milieu par une tige en fer qu'on appelle soie ; aux extrémités du piston sont deux rondelles en fer pour recevoir la pression de l'écrou et de la tête de la soie, qui resserrent tout le système.

La soie des pistons est elle-même réunie à la tringle du piston par un assemblage à tête de compas, pour faciliter le jeu des pistons.

EFFET PRODUIT PAR LE JEU DES PISTONS DANS LES CYLINDRES.

Principes préliminaires.

L'air est pesant.

L'air est élastique.

L'air presse en tous sens les corps qu'il environne.

L'air libre a un certain ressort ; le ressort de l'air augmente ou diminue, suivant qu'il est plus ou moins comprimé.

L'air est plus léger que l'eau, et prend par conséquent la partie supérieure.

Du jeu des pistons. — Lorsqu'une pompe doit fonctionner, la bâche est remplie d'eau, et l'air extérieur, qui presse en tous sens, pèse sur la surface de cette eau.

Le piston étant abaissé dans l'un des cylindres, il se trouve une portion d'air comprise entre la soupape de la culasse et le piston ; cet air a un certain ressort qui le met en équilibre avec la pression extérieure ; en soulevant le piston, cette portion d'air remplit un espace beaucoup plus grand ; cet air a donc alors moins de ressort qu'il n'en ayait précédemment, il ne peut donc plus faire équilibre à la pression extérieure ; alors l'eau, pressée par l'air extérieur, soulève la soupape, qui n'offre plus la même résistance, puisque l'air qui la pressait n'a plus la même force ; la soupape ouverte, l'eau entre dans le cylindre, refoule l'air dans la partie supérieure, et s'introduit jusqu'à ce que cet air comprimé fasse équilibre à la pression extérieure ; alors cet air occupe, dans le haut du cylindre, un certain espace.

L'équilibre rétabli, la soupape retombe par son propre poids.

En abaissant le piston, il presse, par l'intermédiaire de l'air, sur l'eau qui est dans le cylindre ; cette eau refoulée ne trouvant plus d'issue par la soupape de la culasse, puisqu'elle s'est refermée, comme nous l'avons dit plus haut, s'échappe par le conduit latéral, ouvre le clapet, qui ne lui offre plus de résistance, et s'introduit dans le récipient ; le même effet se produit alternativement dans chaque cylindre.

L'eau, en entrant dans le récipient, chasse une portion de l'air que celui-ci contient, par le tuyau de sortie ; le reste vient occuper la partie supérieure du récipient ; cet air, comprimé par l'eau qui arrive constamment par les conduits latéraux, réagit sur la surface de l'eau contenue dans le récipient, et la force à s'échapper ; mais, trouvant les clapets fermés et repoussés par l'eau qui arrive avec force par ces mêmes conduits latéraux, elle sort du récipient, de là passe dans les demi-garnitures, d'où elle s'échappe par la lance.

L'orifice de la lance étant beaucoup plus petit que celui de la demi-garniture, et devant néanmoins débiter la même quantité d'eau et dans le même temps, il est évident que cette dernière doit sortir avec une grande vitesse, ce qui forme le jet, qui, dans certaines pompes, est de 20 à 26 mètres (60 à 80 pieds) de hauteur.

D'après la description de ces diverses pièces et la manière dont elles sont disposées les unes par rapport aux autres, il est très-facile à tout sapeur un peu intelligent de démonter et de remonter une pompe, et c'est la première chose qu'il faut lui apprendre afin qu'il n'agisse pas sans comprendre parfaitement ce qu'il fait.

UNIFORMITÉ NÉCESSAIRE DANS LA CONSTRUCTION DU MATÉRIEL.

Il est de la plus grande utilité, et même indispensable, que toutes les pompes et leurs agrès soient construits sur le même

modèle, afin que, si par un accident quelconque, une pièce
d'une pompe se dérange dans un moment pressé, la même
pièce puisse être prise sur une autre pompe et adaptée à celle
qui fonctionne. Non-seulement on retirera de ce mode un
avantage immense dans le service, en ce que le montage et le
démontage se feront de la même manière ; toutes les parties,
les boîtes par exemple, tournant toutes de droite à gauche,
et les écrous de même ; en outre, on paiera ces pièces moins
cher, parce que les modèles seront tout faits ; qu'on pourra
s'en procurer facilement, puisqu'on en trouvera toujours de
confectionnés à l'avance chez les fabricants, ou qu'on pourra
en faire faire très-promptement.

En parcourant les diverses villes de France, j'ai cherché à
me mettre en rapport avec des officiers de sapeurs-pompiers ;
d'autres sont venus au-devant de moi, et m'ont prié d'examiner
leur matériel. J'ai trouvé généralement qu'il était tenu avec
ordre et soin, mais je me suis convaincu plus que jamais de la
nécessité d'arriver à l'uniformité dont j'ai parlé plus haut. En
effet, j'ai été frappé de ne voir aucune similitude dans les
pompes, non-seulement d'une ville à une autre, d'une commune à une autre, mais même parmi les pompes d'une même
ville.

Chaque cité fait faire ses pompes suivant l'idée du chef des
pompiers ou de quelques membres du conseil municipal. Chaque ville ou commune veut faire gagner aux ouvriers de la localité l'argent qui doit payer la pompe ; il s'ensuit que personne n'ayant un atelier complètement monté, cette pompe
est faite dans quatre ou cinq ateliers différents, par le me-
nuisier, le serrurier, le plombier, le charron ; que ces pièces
ne peuvent être souvent présentées pour l'ajustement, et, qu'en
voulant faire le mieux possible, on ne fait pas grand'chose de
bon. De plus, ces machines coûtent plus cher que celles qui
sont faites par des hommes habiles dont c'est la spécialité,
et qui sont outillés pour cela.

Or, on n'arrivera à l'uniformité que lorsque l'administration aura fixé un modèle de pompe, qui devra être adopté partout, qui permettra que les ouvrages écrits sur cette matière puissent être étudiés rigoureusement, afin qu'on suive partout les mêmes principes, et qu'un sapeur d'une localité puisse manœuvrer une pompe d'une localité voisine, comme il manœuvre celle de son endroit.

Du reste, ce que nous demandons, est ce qui se pratique pour toutes les armes de guerre et pour les mêmes motifs, en sorte que s'il arrive que dans une localité, il manque certaines pièces, la localité voisine peut, si elle a de ces pièces de rechange, en prêter momentanément jusqu'à ce qu'on ait pu s'en procurer, et ainsi le service ne souffre jamais.

PARTIES DE L'ARMEMENT DE LA POMPE.

Outre les pièces qui font partie de la pompe même, il en existe qui, n'étant pas inhérentes à la machine, sont pourtant indispensables pour son service, et d'autres qui sont nécessaires pour faciliter les établissements et le sauvetage des personnes qui habitent les lieux incendiés : ce sont ces pièces qui composent ce qu'on appelle l'*armement de la pompe*, et que nous allons décrire.

Des Tamis.

Lorsqu'on arrive sur le lieu de l'incendie, on est souvent obligé de se servir d'eau bourbeuse et tenant des corps en suspension : pour éviter que ces corps ne puissent obstruer les culasses et ne viennent gêner les mouvements des soupapes, des clapets et des pistons, ce qui arrêterait la manœuvre et détériorerait la pompe par les efforts qu'on ferait pour vaincre la résistance, on recouvre les deux côtés de la bâche par des tamis en osier, dont la forme s'adapte le mieux possible aux ouvertures de cette bâche ; on jette l'eau sur les tamis qui retiennent tout ce qui pourrait empêcher la machine de fonctionner.

Du Boudin.

La demi-garniture ou boyau à eau devant être montée sur la pièce à deux vis qui fait saillie sur la bâche, cette dernière pièce serait exposée à être faussée, et la demi-garniture serait usée par le frottement des roues dans la marche ; de plus, le coude le plus fort se formant à la jonction du boyau avec son raccordement sur la bâche lorsqu'on ploie les boyaux sur la pompe, ce coude tend à détériorer le cuir en ce point. Pour diminuer cet inconvénient, qu'on ne peut empêcher, on a formé un boudin ou tuyau de 65 centimètres (2 pieds) environ, qui a une de ses extrémités garnie d'une vis appelée *pièce à large bord*, qui est garnie d'une rondelle en cuir ; cette vis prend dans l'écrou du tuyau de sortie ; l'autre extrémité est garnie d'une vis de raccordement qui prend dans la boîte placée à l'extrémité de la demi-garniture. Par ce moyen, si dans la marche il s'exerce un frottement, ce sera contre le boudin, qu'il sera facile de changer, tandis que s'il avait lieu contre la demi-garniture, il faudrait abandonner cette dernière pour la réparer, ce qui la diminuerait de longueur, serait coûteux et pourrait gêner beaucoup, attendu qu'on n'en emporte pas de rechange.

Des Demi-Garnitures.

On appelle demi-garniture, une longueur de 16 mètres 24 centim. (50 pieds) de boyau en cuir : à l'une de ses extrémités se trouve fixée une boîte creuse à pas de vis intérieurement ; à l'autre extrémité est une vis d'un pas égal à celui de la boîte, et qu'on appelle vis de raccordement, destinée à entrer dans la boîte fixée à l'extrémité d'une autre demi-garniture ; en sorte que toutes les demi-garnitures de l'armement d'une pompe et des pompes présentes sur le lieu de l'incendie peuvent être montées les unes sur les autres. Au tiers environ de la longueur d'une demi-garniture se trouvent des lanières en cuir, qu'on appelle collets, destinés à attacher les boyaux aux rampes des escaliers, et à d'autres points lorsqu'on fait des établissements verticaux. Les raccordements des demi-garnitures s'adaptent au boudin. Nous verrons plus tard comment sont confectionnés les boyaux ou demi-garnitures.

De la Lance.

Les boyaux étant flexibles, il eût été difficile au sapeur chargé de lancer l'eau sur le feu, de diriger son jet sur tel ou tel point. D'ailleurs, l'eau sortant des boyaux n'eût été projetée qu'à peu de distance du point extrême de ces mêmes boyaux; on a donc été obligé de rétrécir les boyaux à leur sortie, pour comprimer l'eau dans les demi-garnitures, et la lancer au loin. A cet effet, et pour remplir un double but, on a placé à l'extrémité de la demi-garniture un tube en cuivre de 81 centimètres (2 pieds 6 pouces) de longueur environ, de forme conique, et qu'on a appelé lance; l'une des extrémités de la lance a une boîte à pas de vis qui s'adapte à la vis du bout de la demi-garniture extrême; la sortie de la lance n'a que 14 millimètres (6 lignes) de diamètre. L'eau, pressée dans les demi-garnitures, étant obligée de sortir par un orifice plus petit que celui par où elle entre, acquiert de la vitesse, et est projetée à 20 ou 26 mètres (60 ou 80 pieds) du bout de la la lance; de plus, ce tube ayant de la solidité, le sapeur dirige son jet comme il l'entend.

De la Pièce à deux Vis.

La pièce à deux vis est en cuivre; une des extrémités est plus grosse que l'autre; ces extrémités sont à vis toutes deux, l'une destinée à entrer dans l'écrou du tuyau de sortie, et l'autre dans la boîte de la demi-garniture. On se sert de cette pièce lorsqu'on enlève le boudin pour adapter les boyaux à la bâche, et qu'on veut faire manœuvrer la pompe. La partie qui se visse sur le tuyau de sortie est garnie d'une rondelle en cuir pour rendre l'adhérence plus complète et prévenir les fuites.

Des Leviers

Les leviers sont deux cylindres en bois de frêne, qu'on passe dans les yeux du T du balancier, et sur lesquels s'appuient les hommes chargés de manœuvrer la pompe; ils sont renflés à l'un des bouts, pour qu'on ne puisse les faire sortir des deux côtés; ils ont la longueur nécessaire pour que trois hommes, au moins, puissent les saisir de front avec les deux mains.

Du Cordage.

Le cordage est en chanvre de 14 millimètres (6 lignes) de diamètre, il sert à monter sur les toitures pour atteindre le haut des cheminées; pour amarrer les hommes dans les endroits périlleux, etc. Il a 26 mètres (80 pieds) de longueur environ.

De la Hache.

La hache à une partie tranchante et un pic du côté opposé; le tranchant sert à couper, le pic à dégrader la maçonnerie, à entraîner les pièces de bois qu'on veut changer de place, etc. On pourrait encore s'en faire un point d'appui en l'enfonçant dans le bois.

De l'Echelle à crochets. (Pl. III, fig. 16.)

Dans le principe, on se servait d'échelles ordinaires, qui, trop lourdes, présentaient de la difficulté pour leur transport, lorsqu'elles étaient très-longues : on leur a substitué d'abord l'échelle à l'Italienne, composée de plusieurs échelles de 1 mètre 30 centim. à 1 mètre 62 centim. (4 à 5 pieds) de longueur, s'entant les unes sur les autres. Par ce moyen on pouvait sans peine en placer plusieurs bout à bout et arriver à une certaine hauteur. Cependant, comme il se faisait une grande flexion au milieu, on était obligé, pour éviter les accidēnts, d'amarrer ces échelles à des haubans placés à droite et à gauche pour les empêcher de se renverser. Ces inconvénients les ont fait abandonner; elles ont été remplacées avec succès par l'échelle à crochets.

L'échelle à crochets a reçu beaucoup de changements, et l'on est arrivé enfin à la rendre légère, forte et facile à placer sous le charriot de la pompe en la brisant; c'est M. Mayniel, ingénieur du corps, qui l'a portée à ce degré de perfection.

Elle se compose de deux montants en frêne, de 45 millimètres (1 pouce 8 lignes), sur 19 millimètres (8 lignes), et de 4 mètres (12 pieds) de longueur. Ces montants sont recourbés au feu à une des extrémités, de manière à ce que l'extrémité de la partie courbée devienne parallèle aux montants. Ces parties recourbées sont garnies de plates-bandes en fer sur l'épaisseur; et d'un sabot, afin de leur donner de la solidité.

Ces montants sont brisés à 1 mètre 78 centimètres (5 pieds et demi), de manière à pouvoir, au moyen d'une charnière, se replier l'un sur l'autre, et se déployer ensuite pour être fixés dans cette position par deux plates-bandes en fer, maintenues par un boulon à écrou qui sert d'échelon. 12 rouleaux en chêne, disposés dans toute la hauteur, servent d'échelons.

On voit que, lorsque cette échelle est placée sur un appui de croisée, l'effort de l'homme qui monte se faisant verticalement, l'échelle ne peut se décrocher.

Au moyen de cette échelle et d'une manœuvre de gymnastique, un homme monte d'étage en étage avec la même échelle, et peut arriver à un cinquième étage en quelques minutes, lorsque les escaliers sont envahis par le feu.

On pourrait faire une échelle pareille, à un seul montant, semblable à un bâton de perroquet; mais on ne s'en sert pas.

Il nous a été présenté plusieurs machines, tendant à développer divers étages de planchers avec échelles ordinaires, allant d'un étage à un autre, afin de sauver les hommes; mais aucun de ces moyens ne nous a paru approcher de ceux qui sont à notre disposition, à cause de la complication des machines; de la difficulté du transport, et du temps qu'elles demandent pour leur développement.

Echelle à crochets allongée. (Pl. LI.)

L'échelle à crochets, dont la manœuvre est facile, ingénieuse et prompte, présente néanmoins un inconvénient à cause de son peu de longueur. Ainsi, lorsque les sapeurs sont montés au cinquième étage pour un sauvetage, ou pour éteindre le feu, ils ne peuvent recevoir les objets dont ils ont besoin qu'en les enlevant avec la commande à porte-mousqueton; s'ils ont besoin du secours de quelques camarades, il faut recommencer la manœuvre de l'échelle jusqu'à l'étage inférieur, ce qui peut être gênant dans la nuit et même impossible s'il n'y a qu'une pompe sur les lieux. Il serait donc convenable de pouvoir allonger cette échelle au moyen d'entures qu'on mettrait aux extrémités de la première échelle, afin qu'un homme pût monter du bas au haut, sans répéter cette manœuvre souvent dangereuse.

Pour cela, on placerait aux extrémités des montants des échelles, une plaque de fer percée d'un trou aux extrémités des entures, une mortaise en fer dont les côtés seraient percés aussi de trous de la grosseur d'un échelon. Les extrémités des montants des échelles entreraient comme tenons dans les mortaises des entures; un boulon à écrou, servant d'échelon, réunirait le tout; de cette manière on pourrait allonger une échelle autant qu'on le jugerait à propos. Mais il est bien entendu qu'on ne devrait jamais laisser monter à cette échelle qu'un homme à la fois pour prévenir les accidents, bien qu'elle soit confectionnée pour pouvoir supporter le poids de deux hommes montant en même temps.

Reproches qu'on fait à l'Echelle à Crochets.

Dans les provinces et chez les étrangers, dont les sapeurs-

pompiers ne sont pas instruits comme ceux de Paris, on ne se
sert pas de l'échelle à crochets, mais d'échelles ordinaires
plus ou moins compliquées, se développant par parties au
moyen de cordes et de poulies. Certaines de ces échelles sont
bonnes, et leur manœuvre est assez simple ; mais elles ont
toutes l'inconvénient d'être lourdes, très-longues, très-chères,
d'un transport difficile et demandant un charriot exprès pour
être portées sur les lieux de l'incendie. C'est cet inconvénient
majeur qui a fait rechercher une échelle simple, portative
sous le charriot de la pompe, et qui a fait adopter l'échelle à
crochets.

On prétend que, lorsqu'il faut arriver à un étage au-dessus
d'une corniche ou dans une mansarde, l'échelle à crochets ne
peut plus servir, et que les personnes en péril ne pourraient
être sauvées. Cela pourait arriver, mais jamais exemple pareil
ne s'est présenté, parce que, dans ce cas, on peut toujours
arriver sur la toiture par les maisons voisines, et entrer dans
les combles par une ouverture faite dans la couverture, ou
pratiquée dans le mur mitoyen. Du reste, il est fort rare que
le feu soit assez intense pour empêcher les sapeurs de monter
par les escaliers au début de l'incendie, bien qu'ils soient envahis, et dès-lors la manœuvre du sac de sauvetage peut toujours avoir lieu ; dans le cas contraire, les personnes seraient
sauvées par les toits.

Du reste, les échelles à développement peuvent être très-
bonnes dans les villes où les maisons ont deux ou trois étages,
mais à Paris, où elles en ont cinq et six, ces échelles ne seraient pas maniables et ne pourraient être utilisées.

Du Sac de sauvetage. (Pl. III et IV, fig. 17.)

Lorsqu'un incendie se déclare, et que le feu envahit les escaliers avant que les habitants aient pu se retirer, il ne reste
d'autre moyen, pour les sauver, que de les faire descendre
par les croisées ; mais il peut arriver qu'ils soient à un deuxième

ou à un troisième étage ; que, de plus, leur âge, leur sexe, la peur, enfin, ne leur permettent pas de descendre par l'échelle à crochets, ou au moyen d'une corde lisse ou à nœuds. Dans ce cas, il faut se servir du sac de sauvetage.

Voici comment il est construit : un cadre formé de quatre morceaux de bois rond en frêne, et réunis par quatre boulons rivés, est placé à la tête d'un sac en fort treillis, et cousu en dehors à point de cordonnier, avec du fil ciré. Ce cadre sert à ouvrir la tête du sac au moyen de deux courroies, l'une fixe, l'autre à boucle, qui maintiennent les quatre montants à angle droit, l'un par rapport à l'autre. Ces quatre montants se reploient aussi en faisceau pour refermer le sac. A l'extrémité d'un de ces montants, se trouve un anneau pour recevoir un porte-mousqueton attaché à l'extrémité d'une commande.

Le montant horizontal le plus bas doit être à 32 centimètres (1 pied) au-dessus de l'appui de croisée le plus élevé.

L'autre extrémité du sac est fermée par une coulisse ou par une gueule de loup. Sur les côtés sont placées des poignées en corde, pour que les hommes puissent tenir fortement cette extrémité, afin de résister au poids du corps qu'on fait descendre.

Pour se servir du sac de sauvetage, le sapeur monte d'étage en étage avec l'échelle à crochets, ayant attaché à l'anneau de sa ceinture une commande, et au porte-mousqueton placé à l'extrémité de cette commande, l'anneau du montant du sac de sauvetage.

Arrivé à l'étage où il y a quelqu'un à sauver, il enlève le sac au moyen de la commande, le place dans l'embrasure de la croisée en ouvrant le cadre, les montants horizontaux appuyant contre les joues, et les montants verticaux reposant sur le plancher ; il fait ensuite entrer dans le sac les objets précieux, les hommes, les femmes, les enfants, qui, bon gré malgré, arrivent à l'extrémité inférieure du sac, où ils sont reçus par les sapeurs, sans avoir éprouvé le moindre accident.

Si le sac n'était pas assez long pour arriver jusqu'au sol de la rue par un plan incliné, on le ramènerait à la position verticale au moyen d'une corde attachée à la coulisse du fond; si le sac était trop court pour arriver jusqu'au sol, au moyen d'une échelle ordinaire qu'on placerait contre le mur, on parviendrait à retirer les personnes qui sont dedans.

Du Sac de Sauvetage simplifié. (Pl. LI.)

Le sac de sauvetage, tel qu'il existe et tel qu'il est décrit ci-dessus, est garni à une de ses extrémités d'un cadre composé de quatre branches ; lorsque ce cadre est développé pour fermer l'ouverture du sac par où on doit introduire les objets qu'on veut sauver, deux des branches sont horizontales et s'appuient sur les ébrasements de la croisée; les deux autres branches sont verticales. Ces quatre branches, pour ne pas former un poids trop lourd, n'ont que 41 millimètres (1 pouce 6 lignes) de diamètre, et sont de plus affaiblies par les trous percés pour recevoir les boulons qui permettent aux branches de se replier en faisceau lorsque le sac est plié, en sorte que cet affaiblissement, joint aux défauts qui peuvent se trouver dans les bois, peut faire que ces branches se rompent, ce qui est arrivé, sans qu'il en soit cependant résulté d'accidents, parce qu'elles ne peuvent rompre toutes à la fois. De plus, lorsque l'appui de la croisée est élevé, il faut que les branches verticales soient longues, pour porter la naissance de l'ouverture au niveau de la croisée, sans quoi, cette dernière ne se développe pas suffisamment, et un homme entre difficilement dans le sac. Il arrive encore avec ce mode que, si les croisées ne peuvent se démonter promptement, on ne peut faire appuyer facilement l'extrémité des branches horizontales du cadre contre l'ébrasement de la croisée, et qu'on brise, en outre, les carreaux, ce qui gêne le sauvetage.

Pour éviter ces inconvénients, on a pensé à remplacer le cadre par un rouleau placé à la partie inférieure de l'ouver-

ture du sac, et fortement lié au sac ; ce rouleau, qui a 60 centimètres (2 pouces 1/4) de diamètre, et n'est affaibli par aucun
percement, se place sous les battants de la croisée lorsqu'elle est
ouverte, en sorte que, quelle que soit la hauteur de l'appui, la
partie inférieure de l'ouverture du sac est toujours au niveau
de cet appui. Deux fortes cordes sont attachées à la partie supérieure de l'ouverture du sac, qui est elle-même consolidée
par une portion de ces cordes, formant un bourrelet sur lequel est fortement fixée la toile du sac. Ces deux cordes sont
jetées par-dessus la partie supérieure des battants de la croisée, et viennent s'envelopper sur le rouleau qui est placé sous
les battants, en sorte que le tout fait un système solide, et
qu'on peut ouvrir la gueule du sac autant que possible ; on a
donc plus de sécurité et plus de facilité. Ce mode a été adopté
dans le matériel du corps des sapeurs-pompiers de Paris, depuis
1839 ; malgré cela, on se sert encore des sacs à cadre, qui ne
sont pas hors de service.

Des Seaux.

Autrefois on se servait de seaux en paniers d'osier, doublés
en cuir ou en toile imperméable ; mais, outre qu'ils tenaient
une grande place en magasin, et qu'il fallait des charriots de
corvée exprès pour les transporter sur le lieu de l'incendie, ils
étaient très-susceptibles de se détériorer ; l'osier se pourrissait
ou se desséchait ; une voiture les écrasait ; en les jetant même
à terre un peu rudement, ils se brisaient. On leur a substitué des seaux en toile à voile, qui, une fois imbibée, ne laisse
plus tamiser l'eau ; ils en contiennent la même quantité que
les premiers, ne demandent pas un dixième de l'espace exigé
par les premiers, et ne craignent ni les chocs, ni le piétinne-
ment des hommes et des chevaux ; ils ne coûtent pas plus cher,
et durent beaucoup plus longtemps.

Ils sont formés de deux bases circulaires de 27 millimètres
(1 pouce) de circonférence, ce qui leur donne la forme d'un cône

tronqué de 25 centimètres (9 pouces 3 lignes) de base. Une corde maintient la forme circulaire des bases, et deux cordes en croix sous la base inférieure lui donnent de la solidité. Une corde, garnie d'un morceau de bois, forme l'anse du seau.

Ces seaux, ployés, n'ont que 40 millimètres (1 pouce 1/2) d'épaisseur, et en plaçant la base supérieure de l'un sur la base inférieure de l'autre, ils s'empilent parfaitement.

On a remarqué que les seaux en toile, avec bases supérieure et inférieure en corde, étaient un peu lourds; que la corde, en se séchant, se contractait et ne laissait plus aux bases la forme circulaire; que cette corde se pourrissait, ne pouvant être parfaitement séchée à l'intérieur.

On a en conséquence remplacé cette corde par un morceau de jonc, entouré par la toile du seau; ce jonc ne présente pas les inconvénients de la corde, maintient les bases toujours circulaires et rend le seau plus léger et moins épais. On trouve ces seaux chez M. Guérin.

Des Mâchoires. (Pl. III, fig. 13.)

Lorsque, sur le lieu de l'incendie, un boyau vient à se découdre, il se détermine des fuites assez considérables qu'il faut arrêter : on se sert, à cet effet, d'un cylindre en fer appelé mâchoire.

Ce cylindre est, intérieurement, d'un diamètre un peu plus petit que le diamètre extérieur du boyau. Une tranche, ou segment de ce cylindre, est enlevée pour permettre au boyau vide et aplati d'entrer dans la mâchoire; dans cette position, si on fait fonctionner la pompe, le boyau se gonfle, est fortement serré par la mâchoire, et les fuites sont arrêtées.

Lorsque les fuites ne sont pas très-fortes, on se sert d'une ligature que chaque sapeur porte dans son casque; c'est une petite corde avec laquelle on enveloppe le lieu où le boyau fuit. Nous verrons ailleurs comment se fait cette ligature pour qu'elle soit solide.

Mâchoires perfectionnées en cuir. (*Pl. LI.*)

Jusqu'en 1840, on s'est servi, pour arrêter les fuites des boyaux (provenant des crevasses formées par la pression de l'eau pendant la manœuvre), soit des ligatures que les sapeurs portent toujours dans leur casque, soit de mâchoires en fer décrites ci-dessus. En juin 1840, on a pensé que ces moyens pouvaient être remplacés utilement par une mâchoire en cuir faite comme il suit :

Une lanière en cuir de 216 millimètres (8 pouces) de longueur, de même force que celui des boyaux, est garnie, sur les deux longs côtés, d'une bande de tôle sur laquelle sont rivés des crochets, disposés de manière que ceux d'un côté correspondent au milieu de l'intervalle compris entre ceux du côté opposé. Cette bande de cuir est un peu moins large que celle qui forme le boyau. Si donc on place cette lanière sur la crevasse, et qu'au moyen de la ligature que le sapeur porte dans son casque, on lace fortement les deux longs côtés, en passant d'un crochet à celui qui est en face, la pression du cuir du boyau contre celui de la mâchoire arrêtera la fuite. . ...

Cette mâchoire a un avantage sur la ligature et sur la mâchoire en fer, parce qu'on pourra arrêter la fuite sans cesser la manœuvre d'une manière sensible, et parce que la mâchoire sera posée instantanément, ce qui ne peut avoir lieu avec les premiers moyens, qui exigent que la manœuvre cesse totalement pendant quelques minutes, pour ployer le boyau et l'introduire dans la mâchoire, ou pour faire la ligature ; ce qui est un temps précieux perdu. Il y aura d'ailleurs plus d'adhérence entre les deux cuirs mouillés et pressés l'un contre l'autre, qu'entre le cuir et la mâchoire en fer, en sorte que la fermeture de la fuite sera plus complète. Cette mâchoire a le petit inconvénient d'être d'un prix plus élevé que celle en fer.

Du Tonneau.

Lorsqu'on se rend sur le lieu de l'incendie, et qu'on sait qu'on ne se procurera de l'eau que difficilement, il faut nécessairement en conduire avec soi. Cette nécessité a disparu en grande partie à Paris, où de nombreuses bornes-fontaines donnent, dans certains quartiers, tout l'approvisionnement nécessaire; d'ailleurs, les excellentes mesures prises par les commissaires de police des quartiers, de faire arriver sur les lieux tous les porteurs d'eau du voisinage, sont encore d'un grand secours.

Avant d'avoir toutes ces ressources, les sapeurs-pompiers arrivaient sur le lieu de l'incendie avec de petits tonneaux à brancard, de forme ordinaire; ces tonneaux avaient le désavantage de verser facilement, de donner des secousses violentes aux hommes qui les traînaient lorsque le terrain était inégal, et il arrivait souvent des accidents.

On crut devoir remplacer ce tonneau par celui de l'invention de M. le chevalier de Tiville, et qui consiste à placer l'essieu de manière à traverser le fût, en sorte que ce dernier tourne avec les roues; mais on reconnut bientôt qu'il avait l'inconvénient de fuir facilement, d'être difficile à remplir et à vider; qu'en tournant, la force centrifuge lui donnait une forte impulsion, qui, dans les pentes, pouvait occasioner de graves accidents; enfin, qu'il était très-coûteux, à cause de la grande hauteur à donner aux roues.

On a adopté, en dernier ressort, un tonneau ordinaire à flèche, mais dont le corps repose, aux deux extrémités, sur une pièce en bois de frêne, de fil, recourbée, qui embrasse la demi-circonférence du fût. Ces courbes sont fixées au brancard, à l'intérieur et à l'extérieur, par deux plates-bandes qui l'embrassent, et, sur les côtés, par deux autres plates-bandes terminées par des boulons à écrous qui traversent le brancard. Dans cette position, le centre de gravité du tonneau étant dans la ligne du centre des roues, les hommes n'éprouvent pas de charge, peu de cahots, et le tonneau ne peut verser que très-difficilement et sur un terrain incliné.

Pour amortir les secousses, on a placé une bande en cuir entre le tonneau et les courbes.

La trémie étant ainsi beaucoup abaissée, le tonneau se remplit avec beaucoup plus de facilité ; il y a aussi, à droite et à gauche du tonneau, une galerie en fer pour placer deux sacs en toile imperméable contenant chacun cinquante seaux en toile.

AMÉLIORATIONS A PORTER AUX TONNEAUX QUI ALIMENTENT LES POMPES DANS UN INCENDIE.

Lorsque dans un incendie on a besoin d'alimenter les pompes avec des tonneaux des porteurs d'eau, il faut nécessairement approcher assez près de la pompe pour remplir les seaux qu'on verse dans la bâche, et ainsi on encombre le lieu de la manœuvre ; d'un autre côté, si on commençait la chaîne de loin, on perdrait une grande quantité d'eau et du temps.

Pour remédier à ces inconvénients, on a obligé tous les porteurs d'eau à faire placer à l'orifice de sortie de leurs tonneaux, une vis du calibre des raccords des tuyaux en cuir, ou demi-garnitures ; par ce moyen, lorsqu'un tonneau arrive, on le tient à distance et on envoie l'eau dans la bâche de la pompe au moyen des boyaux. De la même manière, on remplit le réservoir en toile lorsqu'on s'en sert.

DES BORNES-FONTAINES.

Dans un incendie, les tonneaux gênent beaucoup la circulation et la manœuvre, et lorsqu'on peut avoir des bornes-fontaines dans tous les quartiers, c'est une amélioration immense, tant sous le rapport de la salubrité que sous celui de la sûreté publique. Lorsqu'on ne peut en construire un grand nombre, il faut placer les premières sur les points culminants, afin qu'en les ouvrant, l'eau puisse se répandre dans les quartiers les plus bas. Par ce moyen, on peut, avec peu de bornes-fontaines, laver et nettoyer ces quartiers et les assainir. D'un autre côté, si un incendie se déclare dans les quartiers bas, en ouvrant les bornes-fontaines l'eau s'écoulera, et en faisant des bâtardeaux, on aura des réservoirs pour alimenter les pompes. Enfin, en mettant à la sortie de l'eau des bornes-fontaines, un ajutage en cuivre semblable à celui des demi-garnitures, on pourra monter les boyaux sur ces pas de vis et alimenter les pompes en manœuvre. Ces moyens sont préférables à ceux d'apporter de l'eau dans des tonneaux, lorsque le terrain est accidenté, parce qu'en montant on a beaucoup de peine, qu'on perd du temps, et qu'en descendant il peut arriver de graves accidents.

Mais, pendant l'hiver, qui est le moment dangereux pour les incendies, il faut empêcher que l'eau ne gèle, et pour cela il faut placer la conduite principale assez avant en terre pour que le froid ne s'y fasse que peu sentir. Il faut ensuite avoir un tuyau de branchement sur la grande conduite pour prendre l'eau qui doit alimenter la borne-fontaine; cette alimentation ne peut se faire qu'au moyen d'un robinet sous bouche qu'on ouvre à volonté. Mais lorsque les tuyaux des bornes-fontaines sont en charge et que la gelée vient, il faut avoir soin de les mettre en décharge pour que l'eau qu'ils contiennent ne gèle pas, ce qui enlèverait tous les moyens de secours; pour cela on met ces tuyaux en décharge, la gelée ne peut plus rien sur eux, et lorsqu'on ouvre la grande conduite, l'eau arrive instantanément et en plein tuyau.

Si ces tuyaux venaient à geler parce qu'on aurait oublié de les mettre en décharge, il faudrait les dégeler en les recouvrant de paille et de bois et en mettant le feu à ces matières. Mais ce moyen peut être long et même ne pas réussir.

RÉSERVOIR EN TOILE.

(Pl. LI.)

Dans le commencement d'un incendie, il y a toujours un peu de désordre, surtout sur le point où fonctionnent les pompes; cela provient de l'affluence des travailleurs, dont on a un grand besoin avant d'avoir régularisé l'attaque, et surtout de la grande quantité de personnes qui se présentent pour former la chaîne avant que la troupe soit arrivée. L'eau fournie pour alimenter les chaînes est apportée par des tonneaux à chevaux ou des tonneaux à bras, lorsque les bornes-fontaines ne sont pas très-voisines du lieu de l'incendie. Ces tonneaux ont de la peine à arriver près de la pompe, ils ne peuvent tourner que difficilement dans bien des rues, et il en résulte un encombrement nuisible au service, et souvent des accidents pour le public travaillant.

On a pensé à remédier à cet inconvénient en construisant de vastes réservoirs en toile, qu'on place en travers de la rue en amont et en aval du lieu incendié, à une distance déterminée par les circonstances et selon les vues du commandant des sapeurs-pompiers. C'est dans ce réservoir que les tonneaux viennent verser leur eau; de cette manière ils n'approchent pas des pompes en manœuvre. C'est aussi dans ce même réservoir que les hommes qui font la chaîne pour alimenter les pompes, prennent leur eau; en sorte que le point d'attaque est le moins encombré possible; que les curieux n'ont pas de prétexte pour approcher; qu'il y a moins d'eau perdue, et que les travailleurs n'ont pas les pieds continuellement dans l'eau. Ce réservoir a été mis en œuvre pour la première fois au feu du Vaudeville, et on en a reconnu les bons effets. Il remplace avec avantage les bâtardeaux qu'on faisait dans les rues avant qu'on eût un grand nombre de bornes-fontaines, lesquels inondaient les points sur lesquels se trouvaient les travailleurs, et remplissaient les bâches des pompes de boue, ce qui, au bout d'un certain temps, nuisait à la manœuvre.

Ce réservoir est ainsi conçu :

Une vaste caisse de 2 mètres (6 pieds) de longueur sur 1 mètre 50 centimètres (4 pieds 6 pouces) de longueur, et 75 centimètres (2 pieds 3 pouces) de profondeur, est formée avec des bandes de toile à voile fortement cousues ensemble. Les bords de la partie supérieure sont enroulés sur une corde pour consolider la toile le long des grandes faces. Les petites faces sont appliquées contre des cadres en bois, dont les quatre côtés sont réunis par un X. Ces petites faces sont fixées dans le bas et le haut, sur les cadres, par des clous; une lanière en cuir garantit la toile des déchirures qu'occasioneraient les têtes de clous. Les cordes qui renforcent le haut des longues faces, passent derrière les traverses supérieures des cadres au moyen d'un œil en cuir qui les maintient; une traverse en bois, mobile, réunit les cadres dans la partie supérieure, afin d'empêcher leur rapprochement ou leur écartement lorsque le réservoir se remplit ou est plein; cette traverse se fixe sur les deux cadres au moyen de deux échancrures garnies en fer. Derrière les deux cadres, et au moyen de deux yeux placés aux extrémités en fer de la traverse, se placent deux verges de fer verticales, passant dans des anneaux en fer placés à la partie inférieure des cadres pour les maintenir dans cette position ; ces verges portent, à leur partie supérieure, deux pots à feu pour éclairer pendant la nuit. Aux angles inférieurs des cadres sont quatre anneaux en cuir, pour passer la traverse lorsqu'on démonte le réservoir et le transporter. Ce réservoir démonté se ploie en quatre, de manière à ne présenter que la superficie d'un des cadres. Le réservoir monté et rempli d'eau reste parfaitement d'aplomb. Il peut contenir 1 mètre 50 centimètres cubes d'eau. Il pèse 36 kilogrammes (74 livres), vide.

Il se place et se déplace promptement et facilement, mais il faut le vider pour le changer de position, ce qui exige qu'on juge bien d'abord de l'emplacement qu'on doit lui assigner avant de le remplir.

COMPOSITION DU MATÉRIEL D'UNE POMPE.

Lorsqu'une pompe part pour l'incendie, elle doit être gréée de tous les objets nécessaires aux diverses espèces de secours qui peuvent être réclamés.

Dans le coffret sont :

Des écrous de rechange, les clefs de bornes-fontaines, les clefs pour monter et démonter la pompe, un porte-mousqueton, des mâchoires, une commande.

Sur et sous le charriot.

Une hache entre le patin et le charriot, une échelle à crochets sous le charriot.

Sur la bâche.

Un cordage, 32 mètres 40 centim. (100 pieds) de demi-garnitures ployées, les leviers, la lance, un sac de sauvetage, un appareil de feu de cave, vingt-cinq seaux dans un sac de toile imperméable, attaché aux boulons de l'avant du patin.

ENTRETIEN DU MATÉRIEL.

L'entretien du matériel est la chose la plus essentielle, attendu que, quelque bons que soient les procédés qu'on peut employer pour éteindre les incendies, si, au moment d'agir, les agrès sont en mauvais état, on n'obtiendra aucun résultat, et qu'on courra d'autant plus de risques qu'ayant eu confiance dans les machines qu'on avait à sa disposition, on n'aura pas pris de précautions pour remédier à leur défaut.

CONSERVATION SUR LE LIEU DE L'INCENDIE.

Lorsque les sapeurs-pompiers vont éteindre un incendie, ils conduisent leur matériel avec eux, puisque la pompe est gréée de tous les objets nécessaires; mais lorsque le feu est éteint, les hommes qui sont mouillés, fatigués, ne sont pas chargés de relever le matériel; on les fait rentrer le plus tôt possible à leur quartier; le garde-magasin, qui s'est rendu súr les lieux, conserve avec lui des hommes de garde, réunit tout ce qu'il retrouve, et constate, par procès-verbal, qu'il a été égaré tels ou tels objets qui ont été délivrés; il les fait figurer en perte à la colonne de son registre.

EFFETS D'HABILLEMENT DÉTÉRIORÉS.

Les sapeurs ne devant pas s'occuper de la conservation de leurs effets, ce qui ralentirait leur zèle et serait fort nuisible, l'officier de semaine constate, à la rentrée du détachement à la caserne, les détériorations survenues aux effets; une expertise est faite, et on rembourse aux sapeurs le montant des dommages, en payant l'effet hors de service, suivant sa valeur, et donnant une indemnité pour la moins-value des objets à réparer. Il faut être très prudent dans ces expertises, et avoir des données sûres sur l'état des objets avant le feu, ce qu'on sait par la durée du service qu'ils avaient, sans quoi il pourrait en résulter de graves abus.

RÉPARATION DES POMPES.

Lorsqu'une pompe a paru sur le lieu de l'incendie, et qu'elle a fonctionné, elle est ordinairement couverte de boue à l'intérieur et à l'extérieur; les boyaux sont sales, peuvent avoir été percés; les seaux sont sales, mouillés, etc.

Les premiers soins du garde-magasin sont: de faire rentrer ces pompes à l'état-major, et de les remplacer dans les postes auxquels elles appartiennent, par d'autres pompes en bon état, prises à l'état-major ou dans les casernes.

Le charriot est lavé avec une éponge et une brosse à voiture, afin de conserver la peinture; les roues démontées et regraissées, après que la fusée a été dégagée du gras dont elle est recouverte, et qui s'est mêlé à la poussière, ce qui donne du frottement dans la marche.

La pompe est démontée dans toutes ses parties, et chacune d'elles est lavée et brossée, pour que les chaînes de manœuvre, les poignées, les culasses, les cylindres, etc., soient dégagés de la boue qui les couvre, ce qui gênerait la manœuvre et rouillerait ces diverses pièces.

Les pistons sont réparés, la bâche est remplie d'eau, et on y a adapté de nouvelles demi-garnitures pour faire fonctionner la pompe et s'assurer qu'elle porte à la distance voulue. Toutes ces parties sont repeintes de temps à autre pour la conservation des bois, des fers et du cuivre.

Des Demi-Garnitures.

Les demi-garnitures sont pendues verticalement dans une cheminée d'évent, pour faire égoutter toute l'eau qu'elles renferment, et pour sécher le dedans et le dehors, au moyen du courant d'air qui les pénètre.

Lorsqu'elles sont sèches, on les tend horizontalement par les deux extrémités, on les gratte avec une lame de couteau émoussé, afin de retirer toute la boue qui a fait croûte avec le gras. On fait ensuite sécher la demi-garniture au soleil, et, lorsqu'elle a été bien échauffée, on la retend horizontalement et on la graisse avec du saindoux sans sel, auquel on ajoute 1/5 de goudron liquide, qui, par son odeur, sert à éloigner les rats et les vers. Le sel, s'il y en avait dans le saindoux, brûlerait le cuir.

Lorsque les boyaux sont ainsi enduits de gras, on les remet à terre au soleil, pour que le cuir en soit bien pénétré dans toute l'épaisseur.

On roule ensuite la demi-garniture sur elle-même au moyen d'une roue, et on la met sur champ en magasin; dans cette position, elle prend peu de poussière et ne se coupe pas, puisqu'elle ne forme pas de plis anguleux.

Avant d'être graissées, les demi-garnitures sont remplies d'eau au moyen de la pompe; l'extrémité opposée au tuyau de sortie de la pompe est fermée au moyen d'un chapeau couvert; l'eau, fortement comprimée par le jeu de la pompe, laisse apercevoir les fuites, s'il y en a, et on les répare.

Toutes ces précautions sont indispensables si on veut que le matériel soit toujours en bon état, prêt à servir convenablement, et qu'il coûte moins de réparations ; or, c'est ce qu'on n'obtiendra jamais si on n'a pas des hommes payés pour cela, et qui en fassent leur état.

Des Seaux.

Les séaux en toile sont lavés et pendus ensuite à une corde au moyen de crochets en fil-de-fer, pour les faire sécher ; on les reploie ensuite, on les empile par vingt-cinq pour les placer en magasin, sans quoi la toile se pourrirait ; ils prendraient de mauvais plis et ne pourraient plus s'arranger dans les sacs de toile imperméable, dans lesquels on les place sur le devant de la pompe.

POMPES DANS LES REMISES.

Les pompes en dépôt dans les remises des casernes sont équipées de toutes les pièces nécessaires pour aller au feu, afin que la poussière ne se dépose pas dans les cylindres, dans les ajutages et sur les demi-garnitures ; on a soin de les couvrir avec une toile imperméable, cousue de manière à envelopper totalement la pompe et ses agrès. (Cette couverture s'appelle bâche.)

Lorsqu'elles sont restées trop longtemps sans être employées, on les découvre pour enlever la poussière qui aurait pu pénétrer par le dessous de la couverture.

TONNEAUX DANS LES REMISES.

Pour éviter que la sécheresse ne disjoigne les douves des tonneaux, il faut avoir soin de les tenir constamment pleins d'eau ; il faut aussi les repeindre de temps à autre pour conserver le bois.

Il faut, autant que possible, placer les pompes, et surtout les tonneaux, sous des voûtes et dans des lieux bien clos, afin que, dans l'été, ils ne soient pas exposés à la sécheresse, et que, dans l'hiver, ils soient à l'abri de la gelée, qui fait éclater les robinets et les douves. Dans le cas où l'on ne pourrait pas se garantir du froid, il faut placer dans les remises des poêles afin d'empêcher les boyaux et les tonneaux de geler. On peut aussi entourer ces derniers, et surtout leurs robinets, de paille ou de fumier.

Par ce moyen, on pourrait avoir toujours de l'eau à sa disposition dans les plus grands froids.

DE LA MANIÈRE DE CONFECTIONNER LES BOYAUX.

Les boyaux sont faits en excellente peau de bœuf; ils ont 41 millimètres (18 lignes) de diamètre intérieur. Le cuir est coupé par lanières de la largeur nécessaire, et en biseau sur l'épaisseur. Le point de couture est pris en avant et en arrière des biseaux, de manière qu'en serrant le point, les deux biseaux se recouvrent parfaitement et se joignent bien.

Dans le principe, les boyaux étaient cousus en fil de chanvre ciré; mais on a reconnu que ce moyen donnait peu de solidité, le fil, se pourrissant promptement, déterminait des fuites nombreuses et par suite demandait beaucoup de réparations.

Plus tard, on imagina de réunir les deux côtés du cuir par des clous en cuivre à large tête, rivés en dessous; ce moyen parut très-bon et d'une grande solidité; mais on reconnut bientôt que lorsque les clous partaient, on avait beaucoup de difficulté à réparer les boyaux, parce que les têtes avaient attaqué le cuir, et qu'on ne trouvait pas entre deux clous un cuir assez solide pour en placer un troisième, attendu que le gras n'a pu pénétrer sous les têtes.

On se sert maintenant, et depuis longtemps, de fil de laiton, qu'on emploie comme du fil de cordonnier; mais afin de pouvoir serrer fortement, on saisit le fil avec deux pinces plates; on fait ensuite un fort tirage qui réunit parfaitement les deux biseaux de cuir. Par ce moyen les points peuvent être assez longs, pour que, lorsqu'il y a une fuite, on puisse prendre entre deux points pour recoudre, et le cuir est resté assez fort pour soutenir fortement ce nouveau point. La couture en fil de laiton est moins chère que celle en clous de cuivre, et le cuir entre deux points peut toujours être graissé.

BOYAUX COUSUS, REMPLACÉS AVEC AVANTAGE PAR LES BOYAUX CLOUÉS.

Nous avons indiqué les boyaux cousus en laiton comme ayant l'avantage de durer plus longtemps que ceux cousus en chanvre, pouvant se réparer plus facilement et ayant toute la souplesse possible. Nous avons même dit que cette manière de coudre les boyaux valait mieux que la clouure, et nous avons expliqué pour quels motifs. Une longue expérience et des changements dans la manière de faire la clouure nous forcent à revenir sur cette décision (les boyaux cousus ne sont bons que lorsqu'ils sont neufs ou à peu près).

Nous avons reconnu que la couture en fil de laiton exige que les cuirs soient coupés en biseau le long de la bande ; que par conséquent la couture n'a lieu que dans une demi-épaisseur de cuir, et que lorsqu'on fait des établissements verticaux, la pression de la colonne d'eau fait crever les boyaux plus facilement que s'ils étaient cloués, parce qu'à la clouure, il y a, non une diminution de l'épaisseur du cuir, mais au contraire un double de cette épaisseur.

Pour éviter que la tête du clou en cuivre n'altère le cuir et n'empêche d'en placer un à côté de celui qui part, on a imaginé de placer sur la tête du clou une rondelle en fer galvanisé, qui seule porte sur le cuir, et qui, ne pouvant s'oxyder, ne peut lui nuire.

Enfin on a trouvé le moyen, avec des mandrins perfectionnés, de pouvoir facilement réparer la clouure lorsqu'elle part.

D'après toutes ces considérations, nous regardons actuellement les boyaux cloués comme préférables aux boyaux cousus en chanvre et en laiton.

BOYAUX IMPERMÉABLES.

Jusqu'ici les boyaux en cuir dont on s'est servi étaient faits en cuir passé simplement au suif : il arrivait de là que le gras qui remplissait les pores du cuir était repoussé peu à peu en dehors par la pression de l'eau dans les tuyaux, et que le cuir restait longtemps imprégné d'humidité; que lorsqu'on avait séché les boyaux au soleil et qu'on les avait graissés, le gras entrait dans les pores, surtout à la partie extérieure, mais ne pouvait jamais aller tapisser toute la partie intérieure, ce qui faisait que ce tuyau était susceptible de se détériorer par la moisissure.

Depuis quatre ans environ, on est parvenu à nourrir le cuir avec une substance grasse, qui, préparée, permet de faire intérieurement et extérieurement, au boyau, un glacis parfaitement adhérent au cuir, qui présente l'avantage de ne laisser nullement suinter l'eau, lors de la manœuvre, en sorte que le cuir ne peut s'en imprégner et se détériorer; de sécher immédiatement le boyau après la manœuvre, parce qu'en le suspendant verticalement, l'eau coule sur le glacis; enfin on est bien sûr qu'en entretenant l'extérieur, l'intérieur sera toujours en bon état. Avant d'adopter ce mode de préparer les boyaux, nous avons fait subir des épreuves très-dures à une demi-garniture; elle a parfaitement résisté à la gelée et à la chaleur, sans avoir perdu de ses propriétés et de sa flexibilité. Les cuirs ainsi préparés ont été soumis à l'examen des chimistes, qui ont reconnu que la préparation n'avait rien que de bon pour la conservation du cuir, et nous en avons adopté l'usage pour le corps des sapeurs-pompiers. Plusieurs fournisseurs ont voulu chercher d'autres préparations analogues, mais jusqu'à ce jour c'est cette dernière qui l'emporte, attendu qu'elle est sans odeur, pénètre parfaitement dans l'intérieur du cuir, fait glacis en dedans et en dehors, et n'adhère nullement, en poissant, aux mains et aux vêtements. Il est aisé de voir que les boyaux ainsi préparés ont un très-grand avantage sur ceux simplement passés au suif. Leur prix n'est pas sensiblement augmenté par ce changement, et ils ont une plus longue durée.

MANIÈRE DE ROULER LES DEMI-GARNITURES.

(Pl. III, *fig.* 18.)

Pour rouler les demi-garnitures, on a une roue composée de deux plateaux. L'un de ces plateaux est garni d'une manivelle dont la soie traverse le plateau et y est fixée. La soie est renflée dans la partie qui traverse le plateau et a 54 millimètres (2 pouces) de diamètre environ ; ce renflement se prolonge, derrière le plateau, d'une longueur égale à peu près à la largeur du boyau.

On attache le bout de la demi-garniture au renflement de la soie, au moyen d'une corde passée autour de la boîte, et qui passe dans un œil pratiqué à la soie.

On place ensuite le deuxième plateau de la roue en passant la soie dans un trou pratiqué au centre de ce plateau; on le serre contre le renflement de la soie, et on le fixe dans cette position au moyen d'une clavette. La roue est ensuite placée sur un chevalet au moyen de deux coussinets, qui reçoivent les extrémités de la soie, qui servent de tourillons.

. Un homme tient la demi-garniture et l'aplatit, en l'appuyant contre la traverse, tandis qu'un autre tourne la manivelle qui fait tourner la roue ; on enroule ainsi le boyau sur lui-même, de manière à lui faire faire une spirale.

Le diamètre de la roue est un peu plus grand que celui de

la spirale formée par 16 mètres 24 centimètres (50 pieds) de boyau.

On enlève ensuite le plateau mobile en ôtant la clavette, on retire la spirale et on la maintient au moyen d'une corde placée en croix et fortement arrêtée ; après quoi on la remet en magasin, sur champ, ce qui l'expose peu à la poussière et ne brise pas le cuir.

GYMNASTIQUE.

Les sapeurs-pompiers sont obligés, pour leur service, de passer sur les faîtages avec des seaux pleins d'eau, avec des échelles ; de faire au besoin la chaîne sur ces faîtages, et même sur des pièces de bois de peu de largeur; d'arriver aux étages des maisons incendiées dont les escaliers sont interceptés, au moyen d'échelles de cordes, de cordes à nœuds, de cordes lisses, de perches vacillantes, d'échelles à crochets ; ils ne parviennent à avoir la souplesse et la hardiesse nécessaires pour vaincre ces difficultés, qu'en faisant des exercices répétés de gymnastique.

A cet effet il a été établi dans chaque caserne un gymnase, où les hommes sont exercés par un professeur en chef et des sous-professeurs spécialement chargés de cette instruction.

MANOEUVRE DE L'ÉCHELLE A CROCHETS.
(Pl. VI, VII, VIII, IX, X et XI.)

Si l'on veut monter de la rue à un étage quelconque d'une maison incendiée, dont les escaliers sont envahis par le feu :

Le premier servant prendra l'échelle à crochets ployée sous la pompe, il la posera les crochets en l'air, la dédoublera, la retournera ensuite en plaçant les crochets contre terre ; dévissera l'écrou, enlèvera le boulon, abattra la plate-bande et replacera le boulon et l'écrou, de manière à empêcher l'échelle de se reployer.

Le premier servant prendra ensuite l'échelle, la portera verticalement le long du mur, l'enlèvera (les crochets en dehors) jusqu'à ce qu'il ait atteint l'appui de la croisée du premier étage; il la retournera, il saisira ainsi l'appui avec les crochets; l'échelle ainsi posée, le premier servant montera, et arrivé sur l'appui de la croisée, il descendra dans l'appartement, et maintiendra l'échelle par les crochets, pour qu'elle ne vacille pas pendant que le chef montera.

Pendant que le premier servant montera, le chef de pompe attachera la commande à l'anneau de sa ceinture, et aussitôt qu'il verra le premier servant arrivé au haut de l'échelle, il montera à son tour.

Arrivé sur l'appui de la croisée, il se retournera face à l'extérieur et sera retenu par le premier servant qui, à cet effet, le saisira par l'anneau de sa ceinture.

Le chef se baissera, prendra l'échelle par les crochets, l'enlèvera en l'appuyant contre son corps, les crochets en dehors, en la maintenant bien verticalement; il l'élèvera en la faisant glisser de main en main. Lorsque le deuxième servant, qui est resté en bas, et qui suit tous les mouvements, verra que les crochets ont dépassé l'appui de la croisée du deuxième étage, il commandera : *Tournez!* Alors le chef appuiera les deux mains contre la poitrine en les croisant, retournera l'échelle, les crochets en dedans, il laissera ensuite descendre l'échelle dont les crochets reposeront sur l'appui de la croisée.

L'échelle assurée, le chef se retournera, et montera au deuxième étage. Le premier servant maintiendra le pied de l'échelle pour qu'il ne rentre pas, ce qui pourrait la faire vaciller; arrivé au deuxième étage, le chef descendra dans l'appartement, maintiendra à son tour l'échelle par les crochets, et le premier servant montera; et ainsi de suite d'étage en étage.

Les sapeurs arriveront donc de cette manière, et en peu d'instants, d'un rez-de-chaussée à un étage quelconque; mais on sent que cet exercice demande du sang-froid, de l'adresse et surtout de l'habitude pour que l'homme placé de bout sur l'appui d'une croisée faisant face au dehors, et obligé de faire des mouvements avec une échelle, n'éprouve pas une crainte qui lui deviendrait funeste.

Arrivés à leur destination, le chef fera attacher au porte-mousqueton placé à l'extrémité de sa commande, les objets dont il aura besoin, et les enlèvera; à cet effet, il en donnera l'ordre au deuxième servant.

MANŒUVRE DU SAC DE SAUVETAGE.

(Pl. XII, XIII et XIV.)

Lorsqu'on aura été prévenu que dans une maison incendiée il y a, à tel ou tel étage, des personnes à sauver, et que les escaliers ne sont pas praticables, le chef s'occupera de suite de faire retirer l'échelle à crochets et le sac de sauvetage.

A cet effet il commandera :

Sac à terre, à l'échelle !

A ce commandement le chef déchaînera, le premier servant retirera l'échelle qu'il déploiera et portera verticalement sous la croisée par où l'on doit arriver.

Le deuxième servant montera sur une des roues, débouclera et jetera le sac de sauvetage du côté de la maison, le cadre en dessus, et aidé du chef, disposera ce sac sous la croisée.

Le deuxième servant attachera la commande à l'anneau de la ceinture du chef, et le chef et le premier servant monteront aux étages avec l'échelle à crochets, comme il vient d'être dit.

Pendant ce temps, le deuxième servant attachera le porte-mousqueton à l'anneau du sac de sauvetage et disposera le sac. Le chef et le premier servant, arrivés au lieu où il y a des personnes à sauver, tireront à eux le sac de sauvetage, le disposeront, les montants horizontaux appuyés contre l'embrasure de la croisée, les montants verticaux touchant à terre, et les courroies bouclées pour maintenir l'ouverture du sac.

Le deuxième servant, aidé soit par des bourgeois, soit par d'autres sapeurs, s'il en est arrivé, saisira l'extrémité du sac, l'éloignera le plus possible du pied de la croisée, pour adoucir la pente ; lorsque l'on sera placé, le deuxième servant préviendra le chef et alors on fera entrer les personnes dans le sac, mais alors seulement ; ces personnes, en se laissant glisser, et s'aidant même, arriveront sans aucun inconvénient.

Dans le cas où le sac de sauvetage n'aurait pas assez de longueur, on attacherait une corde à la boucle de l'extrémité du sac, on donnerait au sac une inclinaison suffisante, et lorsque la personne serait arrivée au bout, on laisserait tout doucement revenir le sac à la position verticale ; si, dans cette nouvelle position, le sac ne touchait pas encore à terre, on placerait une échelle le long du mur, et on retirerait la personne qui est dans le sac.

Il est à remarquer que bien que ce sac soit ample, il est pourtant tel, que si la pente était forcément raide, on pourrait diminuer l'accélération de la descente en ouvrant les coudes, on pourrait ainsi s'arrêter lorsqu'on le voudrait.

APPAREIL-PAULIN

Contre l'asphyxie par la fumée. (Pl. V.)

Depuis longtemps on s'était occupé des moyens à employer pour mettre les hommes en position de travailler dans les lieux privés de l'air vital.

Plusieurs appareils ingénieux avaient été imaginés, mais presqu'aussitôt abandonnés, soit parce qu'ils étaient trop compliqués et ne pouvaient être employés que par des personnes expérimentées, soit parce qu'ils limitaient trop le temps pendant lequel ils pouvaient être employés efficacement par la

personne qui en était revêtue, soit enfin parce qu'ils empê-
chaient d'agir, ou étaient trop coûteux, etc.

Investi du commandement du corps des sapeurs-pompiers,
et ayant éprouvé, dans diverses circonstances, combien il était
difficile et périlleux de pénétrer dans les caves où le feu s'était
déclaré, et où se trouvaient réunies des matières grasses, hui-
leuses, alcooliques, qui dégagent une fumée infecte, M. Paulin
crut devoir s'occuper activement du moyen de maintenir les
sapeurs-pompiers dans de pareils lieux, de telle sorte qu'ils
puissent travailler tranquillement, sans être obligés de s'occuper du soin de leur conservation, et par conséquent s'a-
donner totalement à leur devoir,

Il s'imposa, en outre, la condition d'arriver à ce but par
un moyen prompt, simple, à portée du premier soldat pompier, et n'exigeant à peu près que les objets du matériel actuellement à sa disposition pour l'extinction des incendies.

A cet effet, il a recouvert le sapeur coiffé de son casque,
d'une large blouse en basane, avec un masque demi-cylin-
drique de 2 millimètres (1 ligne) d'épaisseur; au-dessous du
masque est un sifflet à soupape pour faire les commandements.

La blouse est serrée sur les hanches par une ceinture faisant partie de l'uniforme du sapeur; deux bracelets à boucles
ferment les poignets; deux bretelles placées en avant du bas de
la blouse, passant entre les jambes du sapeur et se bouclant
derrière, servent à empêcher la blouse de monter lorsque
l'homme agit.

C'est cette enveloppe, qu'il a nommée *blouse*, qui doit recevoir continuellement l'air nécessaire à la respiration de
l'homme; dans ce but, elle est percée, au côté gauche et à
hauteur de la poitrine, d'un trou auquel est adapté un raccordement en cuir; à ce raccordement vient se fixer la vis d'un
boudin, au boyau en cuivre avec spirale; ce boyau est lui-
même fixé sur la bâche de la pompe à incendie ordinaire par
un raccordement. Si, dans cette disposition, on fait fonction-

ner la pompe vide d'eau, on envoie dans la blouse une grande quantité d'air qui la gonfle et tient l'homme dans une atmosphère d'air frais continuellement renouvelé, ce qui lui permet de vivre sans aucune gêne dans la fumée la plus infecte ou dans tout autre gaz malfaisant, tant que la pompe fonctionne.

Pour que la blouse ne puisse être déchirée, soit par le poids du boyau, soit par le tirage sur ce même boyau, on place, à 486 millimètres (18 pouces) du raccordement, un collet qui est attaché à l'anneau de la ceinture, et sur lequel se fait l'effort. Ce même collet permet au sapeur de s'aider de son corps pour tirer à lui le boyau à mesure que les travailleurs le lui envoient.

Il est à remarquer que, bien que l'air qu'on envoie dans l'appareil soit en plus grande quantité que celui qui est consommé par l'homme, et que par conséquent il soit comprimé dans la blouse, cette compression ne pourra jamais gêner la respiration, parce que l'air peut s'échapper par les plis de la blouse, à la ceinture et aux poignets, et qu'en fuyant par ces issues, il remplit deux objets importants, celui de ne pas gêner la respiration, et celui de refouler à l'extérieur de la blouse toutes les vapeurs malfaisantes qui tendraient à s'y introduire.

Par ce procédé, M. Paulin est parvenu non-seulement à résister à la fumée, et à toute espèce de gaz délétère, mais aussi à supporter, sans danger, et pendant plus d'une demi-heure, une chaleur de cinquante degrés environ.

Cet appareil, propre au service des sapeurs-pompiers pour les feux de cave, peut être employé avec plus de succès encore pour pénétrer dans les fosses, les mines, les cales de vaisseaux, les puits infectés, puisqu'il n'y a à craindre que des gaz délétères, et non de la fumée et de la flamme, et qu'on peut s'éclairer dans ces lieux au moyen d'une lanterne alimentée par une portion de l'air qui fait vivre l'homme; cette lanterne est fixée au même appareil par une agrafe attachée à la ceinture.

Ce procédé peut être appliqué avec avantage à une distance

de 67 mètres (200 pieds) du point infecté, en se servant de la pompe ordinaire à incendie; nul doute qu'avec une pompe plus forte et construite à cet effet, on pourrait s'en servir à une distance beaucoup plus considérable.

Les ingénieurs militaires, ceux des mines, de la marine, et en général toutes les personnes chargées de la visite ou du curage des lieux infectés, pourront faire construire des pompes particulières, moins coûteuses, moins volumineuses et plus propres à leur service, que celles adoptées pour le corps des sapeurs-pompiers, attendu qu'il ne sera pas nécessaire d'avoir un réservoir d'eau attenant à cette machine.

Au moyen de cet appareil, on remplacera les ventilateurs dont l'effet n'est pas toujours bien assuré. D'après les expériences faites par M. Frédéric de Drieberg, les boyaux de 27 millimètres (1 pouce) de diamètre suffiront.

Au moyen d'un ajutage à deux orifices, on pourra faire agir deux sapeurs qui s'aideront, et se porteront secours en cas de besoin.

MANIÈRE DE RELEVER UNE POMPE RENVERSÉE,
AVEC SON CHARRIOT.

La pompe, montée sur son charriot, a une voie assez étroite, afin de passer dans les rues les moins larges; or, comme les pompiers arrivent toujours précipitamment au lieu de l'incendie, ils peuvent, soit en tournant trop subitement ou en courant sur un terrain incliné, renverser la pompe.

Pour la relever, lorsqu'elle ne sera pas séparée du charriot, le chef se placera vis-à-vis de la roue du côté où la pompe a versé, ayant à sa droite le premier servant et à sa gauche le deuxième servant; tous trois saisiront le balancier, feront effort ensemble à un commandement du chef, et enlèveront le tout. Lorsque l'inclinaison de la roue sur laquelle repose tout le poids sera telle qu'en ce moment le chef ne pourra plus agir sur le balancier, ce chef lâchera le balancier, saisira la roue par la partie supérieure et fera effort en ce point. Le premier et le deuxième servants continueront de faire effort sur le balancier, jusqu'à ce que le charriot soit remis à sa position.

Si, dans la chute, la pompe s'était séparée du charriot, on relèverait séparément chaque partie, et on remettrait la pompe sur le charriot, par les moyens qui sont indiqués dans la manœuvre.

Les sapeurs doivent éviter de courir dans les tournants et sur les plans inclinés, parce que si la pompe verse, non-seulement il arrive des accidents aux hommes, mais même à la machine, qui peut ne plus pouvoir fonctionner en arrivant.

Les sapeurs perdraient d'ailleurs plus de temps à la relever que s'ils eussent été un peu moins vite.

MANIÈRE DE FAIRE LES RÉPARATIONS QUI PEUVENT ÊTRE NÉCESSAIRES AUX DIVERSES PARTIES DE L'ARMEMENT PENDANT L'INCENDIE.

Lorsque, par une manœuvre forcée, ou par toute autre raison, une demi-garniture se crèvera en un point, il peut arriver que la fuite soit légère, ou bien qu'elle soit considérable.

Dans le premier cas, on se servira d'une ligature que chaque pompier porte dans la bombe de son casque : on enroule cette corde en hélice sur le boyau, de manière que tous les cercles soient fortement serrés ; on forme ainsi un cylindre qui enveloppe le boyau, et qui, une fois mouillé, ne permet plus à l'eau de filtrer. Pour la solidité, la ligature doit dépasser de 81 millimètres (3 pouces) en avant et de 81 millimètres (3 pouces) en arrière, la crevasse qu'on veut masquer. Cette ligature sera arrêtée par un nœud à chaque extrémité.

Dans le cas où ce serait le boudin qui serait avarié, il serait plus prompt et plus sûr de le changer.

Si, au contraire, la crevasse est considérable, on se servira de machines comme nous l'avons indiqué en parlant de cette partie de l'armement.

De la Lance.

Lorsque la lance sera percée, on pourra la réparer au moyen d'une ligature, comme on l'a fait pour la demi-garniture; mais comme la lance est conique, et que cette ligature pourrait se défaire en coulant vers la partie la plus étroite, on fixera la corde à la boîte de la lance, et l'on commencera la ligature à 81 millimètres (3 pouces) de la crevasse, en partant de la partie la plus voisine de l'orifice.

Du Levier.

Si un levier vient à se fendre ou à se casser, on pourra aussi le réparer au moyen d'un ligature.

Des Raccordements.

Lorsque les raccordements seront difficiles à serrer à la main, on se servira des tricoises; dans le cas où l'on n'aurait pas de tricoises, au moyen d'un ciseau émoussé et d'un marteau, on pourrait faire effort sur les dentelures destinées à servir de points d'appui à la tricoise.

Enfin, dans le cas où l'on n'aurait ni ciseau, ni marteau, une pièce de monnaie, une pierre tranchante, placée sur les dentelures et frappée au moyen d'une autre pierre, produirait le même effet.

Des Culasses.

Lorsque l'eau sera bourbeuse, on aura soin de passer souvent la main contre les culasses, afin de les dégager de la boue qui aurait pu se déposer et boucher les trous de tamisage, en passant à travers les tamis.

De la Lance.

Il pourrait arriver que quelque corps étranger, s'étant introduit par les culasses sans gêner la manœuvre, fût venu jusqu'à la lance et en obstruât la sortie, ce qui risquerait de faire crever les boyaux, l'eau ne pouvant pas sortir; dans ce cas

on fera cesser la manœuvre, on inclinera la lance, le petit
bout vers la terre, pour que le corps étranger ne soit pas entraîné de nouveau dans les boyaux; on démontera la lance
dans cette position, et, en soufflant par l'orifice, on fera sortir ce qui gênait la manœuvre.

Des Pistons.

Lorsque les pistons sont trop secs, ou ont été détériorés par
le frottement, ils laissent un vide entre eux et le corps du cylindre; alors, l'eau pressée, au lieu de se rendre dans le récipient, sort en partie par le vide dont nous venons de parler,
jaillit sur les hommes et les force à abandonner la manœuvre.
Dans ce cas, on enveloppe la verge du piston d'un bouchon
de paille, de foin ou de toile, qui arrête l'eau à la sortie des
pistons, et permet aux travailleurs de continuer à manœuvrer.

Du Balancier.

Si le balancier cassait près du point d'appui, on abandon-
nerait le piston détaché, et on manœuvrerait avec l'autre seulement, ce qui donnerait un jet moins fort et moins régulier.

Si le balancier n'était pas tout-à-fait rompu, on pourrait, au
moyen d'un morceau de bois, relier les deux bras par une corde,
et continuer la manœuvre.

De la Bâche.

Lorsque la bâche fuit, on ferme les crevasses avec des matières que l'eau ne peut ramollir, comme de la cire, de la ré-
sine fondue; et, si les ouvertures étaient trop grandes, on se
servirait d'un linge. Dans tous les cas, ces objets doivent boucher les ouvertures de l'intérieur à l'extérieur de la bâche,
pour que l'eau de la bâche les soutienne.

PRINCIPES GÉNÉRAUX POUR L'ÉTABLISSEMENT DES POMPES SUR LE LIEU INCENDIÉ.

Lorsque les sapeurs sont avertis qu'un incendie s'est déclaré, le chef de poste doit questionner avec soin la personne

qui fait l'avertissement, pour savoir positivement quelle est la nature du feu, et le lieu où il s'est déclaré, afin d'y arriver le plus promptement possible, en emmenant avec lui tout ce qui lui est nécessaire.

Ainsi, pour un feu de cheminée, il n'a besoin que de la hache et du cordage; pour un feu de cave, il lui faut la pompe et une torche; enfin, si, d'après les renseignements qu'on lui a donnés, il n'est pas certain de la nature du feu, il conduira la pompe avec tout son armement.

S'il fait nuit, il allumera un flambeau pour se guider plus facilement dans le trajet; il se fera aider, pour traîner la pompe, par des bourgeois, s'il en trouve de bonne volonté, et se fera accompagner, lorsqu'il le pourra, par la personne qui a fait l'avertissement.

De la Reconnaissance.

Lorsque les sapeurs seront arrivés sur le lieu incendié, le chef et le premier servant feront la reconnaissance, qui est la partie la plus essentielle, en ce que d'elle dépend un succès plus ou moins prompt; ils prendront pour cela des renseignements sur les localités; ils laisseront à la garde de la pompe le deuxième servant, qui doit s'opposer à ce que personne y touche avant le retour du chef. Cela fait, ils se transporteront dans le bâtiment incendié, munis, le chef de la hache, le premier servant du cordage; ils approcheront le plus possible du foyer, jugeront de son étendue, de la nature des matières en combustion, et des moyens à employer pour les éteindre plus sûrement; après quoi, ils reviendront près de la pompe.

Le cordage sert à se hisser aux points difficiles à atteindre; la hache, à abattre les pièces qui, par leur position, pourraient communiquer le feu.

Dans sa reconnaissance, le chef aura eu soin de remarquer la forme des escaliers, la direction des corridors à parcourir, afin de juger de la quantité des boyaux qu'il y aura à développer, et par conséquent du nombre de demi-garnitures à employer.

Des Dispositions à prendre.

Les abords du lieu incendié étant toujours encombrés de monde, de voitures à tonneaux, il est essentiel de disposer la pompe de telle manière que les boyaux ne traversent ni la rue, ni la porte cochère, s'il y en a, afin de laisser la circulation libre, et que ces boyaux ne soient ni aplatis, ni déchirés.

S'il n'est pourtant pas possible d'agir autrement, il faut leur faire longer les murs, en formant le moins de coudes qu'on pourra; on aura des hommes spécialement chargés de soulever les tuyaux pour laisser passer les voitures dessous, ou pour les enlever à 16 centimètres (6 pouces) de terre, pour que les chevaux passent par dessus sans les piétiner, s'ils ne sont pas attelés.

Il faut, autant que possible, placer les pompes de manière que les travailleurs soient à l'abri de la chute des matériaux, afin non-seulement d'éviter les accidents, mais même pour que la manœuvre ne soit pas abandonnée.

Qu'elles soient assez éloignées les unes des autres pour que les commandements ne se confondent pas; qu'elles ne se gênent pas dans la manœuvre, et que les boyaux soient distincts : à cet effet, chaque pompe doit avoir un numéro, et le coup de sifflet doit être bien distinct pour chaque pompe.

De l'Attaque du feu.

Dans un incendie, on doit toujours chercher à refouler les flammes du dedans au dehors; par conséquent, on doit, toutes les fois qu'on le peut, entrer par les allées au rez-de-chaussée; dans les boutiques, par les arrière-boutiques; dans les étages, par les escaliers, afin de conserver toutes les issues.

On ne doit entrer par les croisées que lorsqu'on ne peut pas faire autrement, parce que, dans ce cas, le courant d'air s'établissant du dehors au dedans, porte le feu dans les escaliers et les appartements du derrière, ce qui complique l'attaque et augmente les dangers. D'ailleurs, on a toujours plus de facilité à arriver par les escaliers, et les établissements sont plus faciles.

On arrive par les croisées au moyen des échelles à crochets.

Comment on alimente la pompe.

On peut alimenter un pompe en formant la chaîne : pour cela, on place les travailleurs sur deux rangs, se faisant face à 1 mètre (3 pieds) de distance l'un de l'autre ; l'homme placé au réservoir reçoit un seau plein de la main gauche, le passe dans sa main droite pour le donner à son voisin de droite, qui le reçoit de la main gauche.

L'homme qui est près de la pompe, vide son seau dans la bâche, et le rend vide à celui qui lui fait face ; celui-ci le reçoit de la main gauche, le passe dans sa main droite, et le donne à l'homme qui est à sa droite ; le seau vide revient ainsi au réservoir, et est rempli de nouveau.

Si l'on n'avait pas assez de monde pour faire la chaîne double, on la ferait simple ; seulement deux ou trois hommes, placés en dehors de la chaîne, feraient parvenir les seaux vides au réservoir, en se mettant à une certaine distance l'un de l'autre, et se les jetant.

Lorsque les entrées des maisons sont trop étroites pour pouvoir former la chaîne, ou que la distance du feu au réservoir est trop grande, ce qui exigerait beaucoup de monde, on alimente la pompe du foyer de l'incendie par une autre pompe placée au réservoir et dont les tuyaux arrivent à la première. Le commandement qui fait cesser la manœuvre de la première pompe doit faire cesser aussi celle de la deuxième, sans quoi il y aurait de l'eau perdue.

Lorsque le feu est dans un bâtiment trop élevé, et qu'on aurait de la difficulté à faire arriver l'eau au foyer, à cause de la grande quantité de boyaux à développer, ou parce qu'on n'aurait pas assez de boyaux, on porte la pompe dans les étages pour attaquer le feu avec plus de force de jet.

DE L'ÉTABLISSEMENT DES BOYAUX POUR ATTAQUER GÉNÉRALE-MENT UN FEU QUELCONQUE.

Suivant que le point incendié sera au rez-de-chaussée, dans un étage ou dans une cave, l'établissement sera horizontal ou rampant; il sera vertical, lorsque, par nécessité ou pour plus de facilité, on fera monter les boyaux du rez-de-chaussée à un point quelconque des étages, sans suivre le rampant de l'escalier, ou lorsqu'on attaquera le feu par les croisées. Il n'y a que ces trois manières de placer les boyaux; elles peuvent être employées en même temps deux à deux, ou toutes trois ensemble, dans le même établissement.

Les escaliers étant généralement construits de manière que le giron soit double de la hauteur de la marche, l'établissement horizontal sera d'un quart moins long que l'établissement rampant, et l'établissement rampant aura, deux fois et un quart au moins, autant de développement que l'établissement vertical.

Lorsque les boyaux ne sont pas tendus, les coudes peuvent être plus ou moins prononcés, ce qui nuit à l'arrivage de l'eau; il faut donc éviter que les boyaux soient recourbés sur eux-mêmes, et, pour cela, il faut combiner l'établissement de manière à faire le plus possible des lignes droites, avec des demi-garnitures.

Ainsi, si, au moyen d'un établissement vertical et horizontal, il arrivait qu'on eût beaucoup plus de boyaux qu'il n'en faut, on le convertirait en établissement vertical, rampant et horizontal en même temps.

Si, au contraire, on n'avait pas assez de boyaux avec une demi-garniture, pour faire un établissement rampant, on le ferait vertical et horizontal.

En général, on ne doit employer que le moins de boyaux possible et peu de raccordements; mais, comme les demi-garnitures n'ont que 16 mètres 54 centimètres (50 pieds) de longueur, il arrivera souvent qu'on aura trop ou trop peu de longueur avec une ou plusieurs demi-garnitures; dans ce cas, il faudrait choisir la nature de l'établissement.

Il faut toujours commencer un établissement mixte par la partie verticale, s'il doit y en avoir une; par la partie rampante ensuite, et par la partie horizontale en dernier lieu; sans quoi, si l'on avait une partie de l'établissement à changer, il faudrait le changer en totalité.

Le boyau qui est en surplus doit toujours être dans la partie horizontale qui est au point d'attaque, parce que si le feu s'éloigne, ce qui arrive toujours, il faut pouvoir le poursuivre sans être obligé de déranger les premières dispositions prises.

Lorsqu'un feu a été éteint, l'officier commandant doit toujours, avant de se retirer, prendre les renseignements nécessaires pour savoir comment il a pris, et par quel point il a commencé, afin d'en rendre compte au commandant du corps.

PRINCIPES PARTICULIERS POUR L'ATTAQUE DES FEUX, SUIVANT LEUR NATURE.

Nous avons donné les principes généraux pour faire la reconnaissance d'un feu et pour l'attaquer; mais outre ces principes généraux, il y en a encore de particuliers pour les feux de chaque nature.

On distingue les feux en cinq classes :

1º feux de caves ;

2º feux de rez-de-chaussées, de boutiques, de hangars;

3º feux d'étages, de chambres ou de planchers ;

4º feux des combles;

5º feux de cheminées.

Chacune de ces localités présentant, par sa position, des

circonstances particulières, la manière d'opérer ne peut être la même ; la différence a lieu principalement dans la reconnaissance et dans l'établissement.

Feux de caves. (Pl. XLVI.)

Les feux de caves sont moins dangereux pour le voisinage que les feux de rez-de-chaussées et d'étages, parce que ces lieux sont ordinairement voûtés et toujours en contrebas du sol, de sorte qu'on peut facilement intercepter l'air et empêcher la flamme de se développer ; mais, d'un autre côté, si les caves ne sont pas voûtées, ou si ces voûtes ne sont pas très bonnes, elles peuvent s'écrouler et le bâtiment perdre de sa solidité.

Ces feux sont toujours fort dangereux pour les sapeurs-pompiers, parce que la masse de fumée épaisse et infecte qui se dégage dans les escaliers et les corridors, empêche la torche de brûler ; que l'on ne peut voir où l'on marche, qu'il est facile de s'égarer au milieu de lieux dangereux, et qu'on peut être asphyxié et ne pas être secouru à temps.

D'ailleurs la grande quantité de fumée qui s'étend au loin, laisse croire à un grand danger et met tout un quartier en alarme.

Pour attaquer un feu de cave ordinaire, on commence par l'étouffer le plus possible en fermant les soupiraux et les portes, de manière à intercepter les courants d'air.

On s'informe ensuite, près des habitants, de la direction à prendre pour arriver à la cave, des détours à faire, des obstacles de toute nature qu'on peut rencontrer, et de l'espèce des matières en combustion.

Ces données une fois obtenues, le chef chargé de l'attaque du feu et son premier servant se couvrent la bouche et le nez avec un mouchoir imbibé d'eau et de vinaigre, pour arrêter le plus possible les corps gras en suspension dans l'air ; ils attachent ensuite une corde ou guide à la rampe de l'escalier, la saisissent de la main droite, marchent à reculons, et le corps le plus près possible de terre pour ne respirer que la tranche d'air la moins chargée de fumée, puisque cette dernière tend à prendre la région supérieure, et que le courant d'air qui s'établit par l'appel du feu rase toujours le terrain.

Lorsque le chef, qui marche le premier, aura trouvé le foyer, il pourra arriver que la porte de la cave soit ouverte ou qu'elle soit fermée.

Dans le premier cas, il se glissera le plus près possible pour reconnaître la position et l'étendue du foyer, et pour savoir quelle est la nature des matières enflammées.

Dans le second cas, il laissera la porte fermée.

Dans l'un et l'autre cas, ils reviendront ensuite à la pompe, en ayant soin de laisser leur corde ou guide au point où ils seront arrivés, afin de pouvoir le retrouver facilement.

Arrivés à la pompe, ils prendront un peu haleine; mouilleront de nouveau leur mouchoir; le chef prendra la lance, le premier servant le suivra, en lui allongeant les boyaux et arrondissant les coudes, tous deux suivront le cordage-guide.

Arrivés de nouveau au foyer, le chef ouvrira la porte si elle est fermée, en se servant de la hache que le premier servant aura emportée à cet effet; il dirigera ensuite sa lance vers le foyer, sifflera pour commander la manœuvre, et éteindra le feu.

Si le chef se trouvait fatigué avant la fin de l'opération, il se ferait remplacer par le premier servant, ou par des hommes que le chef supérieur enverrait sur sa demande.

Lorsqu'on se croira à peu près maître du feu, on fera ouvrir les soupiraux, afin de faire évacuer la fumée qui aura beaucoup augmenté, au moment où l'on aura jeté de l'eau sur le foyer.

Il est à remarquer que la connaissance des matières en combustion est une chose très-essentielle, attendu, par exemple, que si elles dégageaient de l'acide carbonique, qui est lourd et occupe toujours les régions inférieures, on ne devrait pas suivre le procédé indiqué, de se baisser, sans quoi on serait promptement asphyxié.

L'attaque d'un feu de cave se faisant généralement par l'escalier, l'établissement sera rampant et horizontal.

Il pourrait arriver le cas où il y aurait impossibilité de pénétrer par l'escalier; alors on attaquerait par le soupirail le plus voisin du foyer; après avoir eu soin de fermer tous les autres soupiraux et les portes, on ferait descendre la lance dans la cave après avoir attaché l'orifice à une commande; on relèverait le petit bout, on ferait manœuvrer et l'on chercherait le foyer à tâtons, ce qu'on reconnaîtrait au pétillement que fait le feu lorsque l'eau tombe dessus.

On évitera le plus possible de lancer l'eau contre les voûtes, afin de ne pas faire éclater les voussoirs, ce qui nuirait au bâtiment.

D'après cet exposé, on voit que les feux de cave sont fort dangereux pour les hommes qui doivent les éteindre; que, dans certaines circonstances, les hommes peuvent être rebutés par les accidents qui arrivent sous leurs yeux, et où il n'y a pas de bravoure à déployer; que les chefs même répugnent à sacrifier les hommes; qu'il y a ainsi hésitation, temps perdu, progrès dans l'incendie, et souvent impossibilité de pouvoir arriver au foyer.

M. Roberts, anglais, avait proposé, en 1824, un masque qui tenait à une trompe; cette trompe pendait jusqu'à terre et portait à son extrémité un entonnoir renversé, dans lequel se trouvait une éponge imbibée d'eau de chaux; l'homme recouvert du masque, en aspirant dans cette trompe, n'attirait à lui que l'air de la couche inférieure qui est le plus pur, et encore était-il obligé de passer dans l'éponge imbibée où il déposait les miasmes.

Cet appareil ingénieux était excellent en théorie, mais inadmissible pour la pratique, en ce qu'il ne pouvait pas servir dans le cas où on eût été dans une atmosphère de gaz acide carbonique; qu'il fatiguait considérablement la poitrine de l'homme obligé d'aspirer continuellement avec force; qu'il fallait toujours avoir la tête basse, sans quoi l'on respirait un air vicié; que cette trompe vous battant dans les jambes, on ne pouvait que difficilement marcher.

Tous ces motifs firent abandonner presque subitement cet appareil, dont on ne pouvait d'ailleurs se servir qu'après s'être exercé à l'employer.

Il fallait cependant s'occuper de mettre les sapeurs à l'abri des accidents nombreux qui arrivent lorsque le feu prend dans les caves des quartiers marchands.

En 1835, M. le lieutenant-colonel Paulin, commandant les sapeurs-pompiers de Paris, a imaginé un appareil simple, commode, que nous avons déjà décrit.

Cette découverte doit totalement changer la manière de procéder pour les feux de cave, surtout dans les cas très difficiles.

INSTRUCTION POUR L'EXTINCTION DES FEUX DE CAVES.

Aussitôt que les sapeurs seront arrivés sur le lieu de l'incendie avec la pompe, le caporal chef de pompe examinera si l'intensité du feu et la nature de la fumée qui sort de la cave permettent de se servir des procédés mis en usage jusqu'à présent et indiqués ci-dessus.

Si, au contraire, il reconnaît que le feu est considérable, et que la fumée qui s'exhale peut être de nature à présenter des dangers, si on la respirait, il se servira de l'appareil et suivra les indications ci-après.

Manière de se servir de l'appareil.

Le chef de la pompe fera prévenir, au plus vite, à la caserne ou au poste le plus voisin, pour qu'on accoure avec une pompe. Cet avertissement sera fait par un bourgeois qu'on paiera si cela est nécessaire.

Le chef fera mettre ensuite pompe à terre, et prendra aussitôt après toutes les informations nécessaires pour bien connaître la position de la cave incendiée.

Pendant ce temps, les deux servants développeront les boyaux (1), les essaieront à sec pour s'assurer qu'ils retiennent l'air, et les mouilleront s'ils le laissent perdre; ils ajouteront à la dernière demi-garniture le boudin de la blouse et serreront tous les raccords pour éviter les fuites d'air; ils auront soin, dans ce cas, de bien vider ensuite les demi-garnitures et la bâche.

La pompe sera placée, autant que possible, à gauche de l'entrée de la cave, hors d'atteinte de la fumée, pour n'envoyer au caporal que de l'air pur.

Lorsque le chef de pompe aura pris les renseignements et que la pompe sera préparée, il se disposera à faire sa reconnaissance; pour cela, il se couvrira de son appareil, ayant soin de bien placer sa ceinture, l'anneau sur le côté gauche; il fera boucler les bracelets sur les poignets sans trop les serrer pour ne pas gêner les mouvements et la circulation du

---

(1) On s'assurera que les boyaux ne perdent pas l'air en mettant le pouce sur l'orifice de la lance et le pressant fortement; on fera fonctionner la pompe, et lorsqu'en retirant le pouce, on s'aperçoit que l'air chasse avec force, on sera certain que les boyaux ne fuient pas.

Si, dans la manœuvre, on pense que l'emploi de la commande, tel qu'il est indiqué, serait trop difficile, on pourrait y substituer l'un des deux moyens suivants:

1. Remplacer le clou par une fiche en fer avec un anneau, auquel serait attachée d'avance la commande; cette fiche serait enfoncée en terre, puisque le sol des caves n'est pas pavé;

2. Attirer avec le boyau à air la fiche en fer et la commande, qu'on filerait en même temps et qu'on attacherait au collet. La fiche en fer serait fixée en terre aussitôt qu'on serait arrivé au foyer de l'incendie.

sang ; il fera attacher les bretelles autour des cuisses pour empêcher la blouse de remonter.

Ainsi disposé, il fera adapter au raccordement de la blouse la vis de l'extrémité du boudin, ayant soin de faire attacher le collet à l'anneau de la ceinture, pour éviter le tirage sur la blouse. Il ordonnera la manœuvre et entrera dans la cave. Le premier servant allongera les boyaux en évitant les coudes ; le caporal lui-même tirera les boyaux avec la main gauche, en s'aidant de son corps au moyen du collet et en évitant aussi les coudes. Arrivé au foyer de l'incendie, ce qu'il reconnaîtra soit à la lueur du feu, soit à la chaleur qui augmentera en arrivant de plus près en plus près ; soit enfin au pétillement des matières embrasées, il saisira le tuyau de la main gauche, sifflera pour annoncer qu'il revient et qu'on doit retirer les boyaux, ce que fera doucement le premier servant, en s'arrêtant lorsqu'il sentira de la résistance, ce qui prouverait que le caporal ne va pas aussi vite que lui ; il continuera ainsi jusqu'à ce que le caporal soit sorti de la cave.

Dans le cas où le foyer de l'incendie serait difficile à trouver, le caporal aura soin de bien examiner les localités pour pouvoir le retrouver sans trop hésiter, lorsqu'il descendra avec la lance, parce que, dans cette situation, il a plus de difficulté à se diriger, ayant deux boyaux à traîner avec lui.

ATTAQUE DU FEU.

(Pl. XLVI.)

La reconnaissance ayant été faite comme il vient d'être expliqué, le caporal demandera alors la lance de la deuxième pompe, qui sera arrivée pendant le temps de la reconnaissance, et aura été placée du côté opposé à la pompe à air, de manière à être le plus près possible de la porte de la cave pour que les coups de sifflet soient plus faciles à entendre, et pour avoir moins de boyaux à développer.

Il rentrera dans la cave en tirant à lui les boyaux de la pompe à air, et ceux de la pompe à eau, qui devront être vides; ces boyaux ne peuvent se brouiller, puisque le sapeur sera entre les deux.

Arrivé de nouveau, en suivant la commande, au foyer de l'incendie, il sifflera pour ordonner la manœuvre de la pompe à eau, et éteindra le feu.

Les coups de sifflet ne regarderont jamais les hommes qui manœuvreront la pompe à air, qui doit toujours fonctionner et à toute volée, depuis le moment où le caporal s'est recouvert de l'appareil, jusqu'au moment où, après avoir éteint le feu, il sortira de la cave.

FONCTIONS DU CHEF ET DES SERVANTS DANS CETTE MANOEUVRE.

Pompe à air.

Dans l'attaque d'un feu de cave, le caporal, après avoir fait mettre la pompe à terre, et pris les renseignements sur la position de la cave, se couvrira de l'appareil, commandera la manœuvre et fera sa reconnaissance.

Le premier et le second servants développeront les boyaux, serreront les raccords, et le premier servant habillera le caporal.

Pendant la reconnaissance, le premier servant sera le plus près possible de la cave pour allonger les boyaux à air; le deuxième servant ne quittera pas la pompe, veillera à ce qu'on ne mette pas d'eau dans la bâche, et à ce que les travailleurs manœuvrent sans s'arrêter un seul instant.

Pompe à eau.

Le caporal sera le plus près possible de la porte de la cave pour allonger les boyaux à eau.

Le premier servant aidera le caporal en restant toujours entre lui et la pompe.

Le deuxième servant ne quittera pas la pompe ; fera manœuvrer lorsqu'il en recevra le commandement.

Lorsque le caporal de cave sifflera pour ordonner la manœuvre, le caporal qui est le plus près de la cave répétera le commandement, le premier servant ensuite, et le deuxième servant fera manœuvrer.

FEUX DE REZ-DE-CHAUSSÉES.

(Pl. XLVII.)

Les établissements à faire pour attaquer les feux de rez-de-chaussées sont à peu près les mêmes, puisqu'ils sont toujours horizontaux. L'attaque, dans ces cas, est la plus facile, parce que, dans cette disposition, les boyaux sont faciles à diriger ; que le sapeur qui tient la lance a toujours la facilité de se transporter aisément partout où sa présence est nécessaire, et opérer autour de lui.

La seule précaution à avoir, c'est d'éviter les coudes des boyaux et leur aplatissement.

Le chef, après avoir fait la reconnaissance des lieux et avoir visité le foyer, placera la pompe de la manière la plus convenable, la sortie faisant face au lieu incendié, afin que le boyau ne fasse pas de coude à sa jonction avec la bâche.

Si le feu est dans une boutique ou un appartement double, il doit ordinairement y avoir une sortie ou des croisées sur la pièce du derrière, en communication avec l'allée qui conduit aux étages.

Dans ce cas, il peut arriver 1º que le feu soit dans la pièce du devant ; alors il faut fermer avec soin l'issue sur l'allée et les issues sur l'appartement du derrière, afin que le courant d'air ne porte pas le feu dans ces parties et n'intercepte pas les communications : attaquer le feu de front en ayant soin de noircir immédiatement les boiseries et les planchers.

Si le feu gagnait sur l'arrière, il faudrait l'attaquer dans cette partie pour le refouler sur son centre, et empêcher que, par les croisées du derrière, il n'atteignît les premiers étages.

Enfin, l'attaquer des deux côtés s'il avait gagné l'avant et l'arrière, ou s'il n'était que sur l'arrière, pour empêcher la communication.

Il faut, en attaquant le feu, épargner le plus possible les carreaux, pour ne pas établir de courants d'air.

Si, dans la boutique, il existe des matières grasses, alcooliques, il faut éviter de jeter de l'eau dessus, à moins que ce ne soit en très-grande quantité, sans quoi les matières pétillent et peuvent cruellement brûler les personnes qui les avoisinent ; il faut, autant que possible, se servir de fumier, de couvertures mouillées, pour intercepter l'air, et alors jeter sur ces derniers objets beaucoup d'eau, pour les empêcher de prendre feu à leur tour.

Il faut s'occuper avec soin de mouiller les objets environnants auxquels ces matières tendraient à mettre le feu, afin de n'avoir à surveiller que les points dangereux.

Tous les feux de rez-de-chaussées sont à peu près dans le même cas, sauf les localités particulières, et l'on ne peut rien prévoir à ce sujet.

Les hangars, remises, greniers, etc., donnent matière à d'autres considérations ; en même temps qu'on s'occupe de l'extinction des matières qu'ils renferment, il faut veiller à la conservation des bâtiments, afin d'éviter qu'ils ne s'écroulent, et, pour cela, préserver le plus possible du feu les pièces principales de l'édifice. Lorsqu'on ne pourra y parvenir, et qu'on craindra la chute de certaines parties, il faudra donner des ordres pour que les hommes ne soient pas exposés à être écrasés. La présence d'esprit et l'intelligence du chef sont tout dans ces circonstances.

Il faut que celui qui tient la lance soit le plus près possible du foyer, pour bien apprécier les effets du feu et les opérations qu'il doit faire.

FEUX D'ÉTAGES OU DE CHAMBRES.

(*Pl.* XLVIII et L.)

Les feux d'étages sont dans la même catégorie que les feux de rez-de-chaussées; la pompe devra être placée dans la même position, mais l'établissement sera différent.

On devra conserver le plus possible les entrées et l'escalier de la maison, et n'entrer que par les escaliers et les portes, pour préserver les issues. On n'attaquera par les fenêtres que dans le cas où l'on ne pourrait pas faire autrement, ou dans le cas où, la pièce incendiée étant très-loin de l'entrée, on ne pourrait opérer facilement, et qu'un établissement par la croisée ne pourrait nuire et serait moins long que le premier.

En attaquant par les escaliers, on aura plus de facilité.

L'établissement sera toujours rampant et horizontal à l'arrivée sur le feu.

Il pourra être vertical ou horizontal; et enfin vertical, rampant et horizontal, suivant les localités, les difficultés, et la longueur des boyaux dont on pourra disposer.

L'eau ne devra jamais être lancée de la rue, on doit toujours se porter le plus possible sur le feu pour le refouler en dehors.

On aura soin de noircir à l'avance tout ce qui est approché par la flamme.

Si le feu était aux planchers, ce qui pourrait arriver par un vice de construction qui ferait qu'il y aurait communication entre les poutres et l'intérieur des cheminées, alors il faudrait faire lever le carrelage ou le plancher, introduire entre le carrelage et les poutres une grande quantité d'eau, et, lorsque le feu serait arrêté, dégarnir le plancher jusqu'à ce qu'on eût trouvé le foyer.

FEUX DE COMBLES.

(*Pl.* XLIX et L.)

Les feux de combles ressemblent beaucoup aux feux de greniers et de hangars.

Il faut pourtant observer que, dans ces derniers, la pompe est dans la rue, et qu'elle doit être placée de manière que les matériaux qui tomberont nécessairement de la toiture, n'atteignent pas les travailleurs, qui seraient exposés et déserteraient le travail.

Dans ces feux, il faut conserver les pièces principales de la charpente, avoir soin de ne pas diriger le jet contre la toiture, parce que si elle était légère, elle serait enlevée par le jet, ce qui donnerait des courants d'air.

Il faut s'occuper d'empêcher le feu de gagner dans le voisinage, ce qui aurait lieu, si le mur de pignon qui sépare les maisons ne montait pas au-dessus du comble embrasé. Dans ce cas, il est indispensable d'abattre les fermes les plus voisines de ce mur, afin de faire isolement.

Si le vent portait la flamme sur le voisinage, l'établissement devrait être dirigé contre le vent.

FEUX DE CHEMINÉES.

Aussitôt que le chef d'un poste aura été prévenu pour un feu de cheminée, il se transportera sur les lieux avec les deux servants emportant la hache et le cordage.

En arrivant, le chef examinera les lieux, demandera des seaux pleins d'eau et un drap qu'il fera mouiller. Il fera ensuite fermer la porte et les croisées pour diminuer le courant d'air; il nettoiera avec un balai, et aussi haut que possible, l'intérieur de la cheminée pour la dégager de la suie qui est dans cette partie, et placer le drap de manière à ce qu'il s'applique parfaitement sur les jambages et sur la tablette de la cheminée, après quoi il fera pincer le drap par le milieu, le retirer vers l'intérieur de la chambre, et le relâcher ensuite pour recommencer. Dans le premier mouvement, l'air descendra en colonne de la cheminée vers la chambre, parce qu'il y aura eu un vide de fait; au second, l'air sera refoulé de la chambre vers le haut de la cheminée, cette colonne d'air faisant va-et-vient dans la cheminée, la ramonera, et la suie tombera. Comme cette suie pourrait dessécher le drap et le brûler, on mettra dans la cheminée des seaux pleins d'eau pour la recevoir; on mouillera continuellement le drap, mais légèrement, pour ne pas inonder l'appartement.

Pendant que le deuxième servant et les bourgeois feront cette opération, le chef et le premier servant, munis de la hache et du cordage, se feront donner connaissance de la direction des tuyaux de cheminée, ils les suivront en tâtant, pour voir, à la chaleur, où est le foyer, et pour voir s'ils ne sont pas crevassés et ne peuvent laisser communiquer la flamme dans les parties du bâtiment qu'ils traversent. Ils s'informeront si, dans les combles, il n'y a pas des évents destinés à empêcher la cheminée de fumer et à laisser passer le ramoneur; ils les feront boucher ou observer, s'il y en a.

Dans le cas où le feu ne céderait pas, le chef s'informera s'il n'y a pas d'autres cheminées qui se dévoient dans celle dont il s'agit, et, dans le cas de l'affirmative, il les ferait fermer, ce qui serait fort aisé si elles avaient des soupapes à la Désarnault. Il arriverait ensuite sur les toits par tous les moyens en son pouvoir, en passant sur les plombs, se servant d'échelles et de cordages pour arriver au tuyau de la cheminée. Il jeterait de l'eau dans cette cheminée par la mitre et par les trous d'évents; enfin, si ces moyens ne réussissaient pas, il abattrait la mitre dans le tuyau, afin de la faire ramoner par les matériaux; ce moyen ne doit être employé qu'en dernier ressort. De même, les sapeurs ne doivent se faire des échelons sur les toits, en brisant les ardoises, que lorsqu'ils n'ont pas d'autre moyen pour arriver au tuyau de cheminée, attendu que des hommes au fait de leur métier doivent faire le moins de dégâts possible.

Quelques personnes ont proposé de ramoner la cheminée instantanément, en faisant une détonnation d'arme à feu dans le tuyau, laquelle, produisant un très-grand mouvement dans la colonne d'air, ferait tomber la suie. Ce moyen serait souvent plus nuisible qu'utile, parce qu'il pourrait crevasser l'intérieur du tuyau.

D'autres ont proposé de jeter sur le brasier une assez grande quantité de fleur de soufre, et de fermer l'ouverture de la cheminée avec un drap. Par ce moyen, les gaz qui se développent absorbent une partie de l'air qui doit alimenter la combustion de la suie, ce qui diminue son intensité.

Ce procédé, tout-à-fait chimique, aurait l'inconvénient, s'il n'était employé avec discernement et précautions, de rendre malades les personnes qui en feraient usage, et de noircir dans les appartements toutes les dorures, tandis qu'avec le procédé ordinaire, et un peu de patience, on n'a rien à craindre.

Ce moyen ne peut, d'ailleurs, être employé que dans le cas où il y aurait beaucoup de braise, afin que toute la fleur de soufre soit réduite en gaz en même temps, et absorbe une grande quantité de gaz oxygène.

Lorsque le feu sera éteint, le chef fera chercher un ramoneur, le fera conduire dans la maison, et la cheminée sera ramonée en sa présence et aux frais de celui qui habite les lieux. Ce ramoneur devra examiner si, par vice de construction, il y aurait des pièces de bois qui traversent la cheminée, s'il y a des dégradations qui facilitent l'agglomération de la suie; s'il y a des crevasses par où la flamme pourrait arriver chez les voisins.

Dans le cas où la cheminée serait en mauvais état, il sera dressé sur-le-champ un procès-verbal, et l'autorité ordonnera immédiatement la réparation de la cheminée.

CHEMINÉES DONT LES TUYAUX SONT EN FONTE.

Depuis quelque temps, on a eu l'idée de construire des tuyaux de cheminées en fonte ; ces tuyaux sont placés dans le massif de la maçonnerie, et ont 13 ou 16 centimètres (5 ou 6 pouces) de diamètre.

Lorsque le feu se manifeste dans des cheminées ainsi construites, il est facile de l'éteindre, parce qu'on peut avoir, dans la partie inférieure, une soupape qui ferme exactement l'entrée de l'air ; qu'on peut avoir aussi une fermeture qui s'adapte parfaitement à la partie supérieure ; en sorte que la communication avec l'air extérieur peut être interceptée, et que le feu, n'ayant pour aliment que l'air renfermé dans le tuyau au moment où l'on ferme, ne pourra pas tarder à s'éteindre.

Mais si, par un motif quelconque, on ne pouvait s'en rendre maître de suite, il faudrait bien se garder de jeter de l'eau dans le tuyau, attendu que le passage subit d'une grande chaleur au froid le ferait fendre, ce qui serait dangereux, et qu'ensuite il faudrait le remplacer en tout ou en partie, ce qui serait difficile.

Il faut, dans ce cas, avoir une espèce de piston ou un boulet, d'un diamètre un peu moins gros que celui de l'intérieur du tuyau ; on l'attachera à une chaîne forte, déliée, longue, et l'on ramonera la cheminée en partant du haut ; on aura soin de fermer la partie supérieure du tuyau avec un morceau de tissu de laine épais, et dans lequel on aura fait un trou pour laisser passer la chaîne.

Un piston vaut mieux qu'un boulet, parce qu'il touchera sur une plus grande surface à la fois. D'ailleurs, en remontant, le boulet amasserait de la suie qui pourrait gêner sa marche ; au lieu qu'en construisant le cylindre comme l'indique la figure 20, on ramonera, et la suie tombera. Ce cylindre a un noyau cylindrique en plomb ou fer A, pour lui donner de la pesanteur. Les rondelles supérieure et inférieure sont creuses au centre, et réunies au noyau cylindrique par des rayons en fer.

CONSIDÉRATIONS GÉNÉRALES.

En général, lorsqu'on craint pour le voisinage, et qu'on a assez de moyens, il faut se rendre maître des points de contact, en même temps qu'on attaque le foyer de l'incendie : on a l'esprit plus tranquille sur les conséquences ; on agit avec plus de sécurité, et l'on n'a pas autour de soi tous ceux qui croient leurs propriétés en péril.

DU POINT DE RALLIEMENT POUR LE COMMANDANT ET LES AUTORITÉS.

Lorsqu'un incendie est considérable, occupe un grand espace et dure longtemps, le chef des sapeurs-pompiers est obligé de se transporter partout, afin de voir par lui-même et de donner ses ordres. Mais il peut arriver que les officiers, ou les autorités présentes sur le lieu du sinistre, aient à conférer avec lui. Or, comme on pourrait avoir de la difficulté à le trouver, il faut qu'il y ait un lieu déterminé où il se reposera de temps à autre pour recevoir les renseignements qu'on aurait à lui donner ; et, comme ce point ne peut être déterminé qu'en arrivant sur les lieux, et qu'il pourrait ne pas être connu de tous, on est convenu de le désigner au public, en y plaçant un drapeau rouge surmonté d'une lanterne en verre ou corne rouge, qui sera facilement aperçue.

DESCRIPTION ET MANOEUVRE DE L'ÉCHELLE A L'ITALIENNE.

Description (Pl. III, fig. 22).

L'échelle à l'italienne se compose de plusieurs petites échelles, ayant chacune deux montants et cinq échelons. Les montants ne sont pas parallèles, en sorte qu'un bout de l'échelle est plus large que l'autre. Les montants sont échancrés

de manière à pouvoir recevoir un échelon dans cette échancrure. L'échelon extrême, du côté le plus étroit, ressort du
montant d'une quantité un peu plus grande que la largeur des
montants.

Manœuvre.

Un homme enlève une des petites échelles, la partie la
moins large en l'air, en l'appuyant contre le mur; deux autres prennent une seconde échelle, présentent le bout le moins
large au bout le plus large de l'échelle, soutenue en l'air par
le premier homme, de manière à faire entrer le premier échelon de cette seconde échelle dans les échancrures des montants
de la première, et les parties saillantes des extrémités du dernier échelon de la première dans les échancrures des montants de la deuxième. On frappe ensuite la deuxième échelle à
terre pour bien assurer la liaison, et l'on a une échelle double.
L'ensemble de ces deux échelles est soulevé comme la première,
et l'on y en ajoute une troisième de la même manière, ainsi
de suite. On pourra avoir ainsi une échelle triple, quadru-
ple, etc...., de la plus petite échelle..

Lorsqu'on veut allonger beaucoup l'échelle, il faut augmenter le nombre des servants, l'échelle à soulever devenant
beaucoup plus lourde et plus difficile à manœuvrer.

Lorsque l'échelle a acquis une certaine longueur, elle flé-
chit beaucoup, et la courbe qu'elle décrit est d'autant plus
forte que le pied de l'échelle est éloigné du mur. Pour éviter
les accidents, on relie ensemble les montants avec des cordes,
vers le milieu de la courbure, afin de la diminuer; ces cordages font fonctions de haubans.

Il faut cependant que cette courbure soit sensible, sans
quoi, lorsque le sapeur monterait à l'échelle, et qu'il serait
placé entre le premier et le deuxième point d'appui, la partie
de l'échelle qui touche le mur s'en détacherait et tomberait en
arrière.

Cette échelle est très-dangereuse et difficile à établir; il faut s'en servir le moins possible, lorsqu'on est obligé d'en mettre plus de trois parties bout à bout.

POMPE ASPIRANTE.

La pompe aspirante ne diffère de la pompe foulante qu'en ce que, au lieu d'aspirer l'eau qu'on met dans la bâche, elle aspire elle-même l'eau dans le réservoir, ce qui fait qu'au lieu d'avoir des culasses percées de beaucoup de petits trous pour recevoir l'eau de la bâche, ces culasses n'ont chacune qu'un grand trou, duquel part un tuyau ; ces deux tuyaux des culasses se réunissent en un seul du côté opposé au tuyau de sortie du récipient, et forment la courbe d'aspiration. A ce tuyau s'adapte un boyau d'aspiration, ou spirale en cuir, dont l'extrémité plonge dans le réservoir.

A chaque coup de balancier, un des pistons aspire l'air qui est dans le tuyau d'aspiration, et y fait le vide. La pression de l'air sur la surface de l'eau du réservoir fait monter l'eau dans la courbe d'aspiration, et de là elle passe dans l'un des cylindres, en soulevant la soupape de la culasse ; un second coup de piston fait fermer la soupape de la culasse, et passer l'eau dans le récipient, et ainsi de suite : le reste de l'opération est le même que dans la pompe foulante.

La pompe aspirante et foulante projette l'eau moins loin que la pompe foulante, parce qu'une partie de la force est employée pour l'aspiration.

Le tuyau aspiral est garni d'un store, pour qu'il conserve toujours la forme cylindrique pendant l'aspiration. L'extrémité de ce tuyau qui plonge dans ce réservoir est garnie d'une tête d'arrosoir, pour ne pas laisser passer d'ordures qui gêneraient la manœuvre.

Cette pompe ne peut servir que lorsque le niveau de l'eau est de 8 à 10 mètres (25 à 30 pieds) au plus, en contre-bas du lieu sur lequel repose la pompe. (Voir *Aspirante et foulante avec chapeau couvert.*)

ATTAQUES SIMULÉES.

Les sapeurs-pompiers étant répartis dans les postes de Paris, il arrive que des hommes se trouvent rarement dans la position d'être appelés aux incendies, et ne peuvent ainsi acquérir de l'expérience. Il est pourtant essentiel qu'ils n'aillent pas au feu sans avoir des notions théoriques de leur métier. Il est vrai que les sapeurs sont toujours sous les ordres d'un caporal au moins, qui, ayant plus d'expérience, peut les diriger; mais il faut aussi que le caporal puisse être secondé, afin d'obtenir un résultat favorable.

Pour parvenir à ce but, on fait faire aux sapeurs des attaques simulées; on suppose que le feu est dans un point de la caserne; on suppose des issues praticables, d'autres fermées, et on leur donne un problème d'établissement à faire. Les sapeurs agissent suivant leur intelligence, et lorsqu'ils ont fait leur établissement, les officiers vont le voir, accompagnés des autres sapeurs; ils approuvent ce qui est bien, font connaître ce qui est mauvais, expliquent le pourquoi et rectifient; en sorte que, lorsque les hommes ont l'habitude de ces opérations, ils ne sont pas surpris lorsqu'ils se trouvent à un véritable feu.

Ces exercices sont ceux qui peuvent le mieux développer l'intelligence des hommes et les mettre en état de rendre promptement des services.

MOYENS EMPLOYÉS POUR MONTER UNE POMPE DANS LES ÉTAGES D'UNE MAISON.

Nous avons dit qu'il pouvait arriver que, faute de boyaux assez longs, ou pour diminuer la longueur du parcours de l'eau et obtenir un jet plus fort, à la sortie de la lance, on approchait la pompe du foyer de l'incendie en la faisant transporter dans les étages.

Nous avons vu aussi que lorsque la pompe est à terre, on

lui fait prendre, au moyen des chaînes, toutes les positions qu'on veut; en se servant de ces mêmes chaînes, on la transporte aussi dans les étages des maisons incendiées. Pour cela, le chef tâche de se procurer un homme de bonne volonté pour l'aider; il fait tourner la pompe de manière que l'arrière corresponde à l'entrée de la maison ; le premier et le deuxième servants prennent les chaînes et entraînent la pompe vers l'escalier, tandis que le chef et son aide poussent, s'appuyant sur le T du balancier. Arrivés au pied de l'escalier, les deux servants élèvent un peu le patin au moyen des chaînes, pour que les semelles ne rencontrent pas les marches; le chef et son aide poussent en appuyant contre le T du balancier et la bâche; et avec peu de peine ils transportent la machine dans les étages.

Il est aisé de voir qu'on monte l'arrière de la pompe en avant, à cause des deux chaînes qui donnent plus de facilité pour le tirage.

Par la même raison, lorsqu'on veut redescendre la pompe, on se met en mouvement par l'avant, parce qu'il y a deux chaînes pour retenir la machine, et l'empêcher de se mouvoir avec trop de rapidité, ce qui pourrait occasioner de graves accidents.

DE LA MANIÈRE DE CONSTRUIRE LES SALLES DE SPECTACLE, POUR PRÉVENIR LES INCENDIES, ET DU SERVICE QUE DOIVENT Y FAIRE LES SAPEURS-POMPIERS.

Les théâtres sont la réunion d'un public nombreux; ils sont éclairés par une grande quantité de lumières appuyées contre les montants des coulisses, à proximité de toiles flottantes. Dans certains théâtres on donne des pièces à artifices, et il y a danger d'incendie. On a donc dû s'occuper avec soin des moyens de prévenir les sinistres dans ces lieux, où les malheurs seraient incalculables.

Les anciennes salles de spectacle sont souvent construites en paus de bois et recouvertes en charpentes, ce qui, en cas d'accident, donnerait peu d'espoir de sauver les bâtiments, et est actuellement le sujet de vives inquiétudes.

Depuis (1829), l'administration, avertie, et forte d'expériences acquises par les incendies de plusieurs théâtres, a formé une commission pour examiner ces établissements et proposer des améliorations. Cette commission a posé comme principes :

1° Que les salles de spectacle doivent être séparées des habitations par un isolement de 2 mètres 91 centimètres (9 pieds) tout autour, afin d'éviter le contact et d'avoir une circulation qui permette de porter les secours sur tous les points ;

2° Que le théâtre et la salle doivent être enfermés dans une enceinte par un mur de 486 millimètres (18 pouces) en bonne maçonnerie, de manière à tout concentrer dans cet espace en cas d'évènement ;

3° Que la couverture doit être en fermes de fer et en poterie ;

4° Qu'un gros mur doit séparer la salle du théâtre depuis le point le plus bas jusqu'au point le plus élevé ; que la seule ouverture doit être celle de la scène ;

5° Que l'ouverture de la scène doit pouvoir être fermée instantanément par un rideau métallique à mailles et non plein, afin d'isoler la salle du théâtre en cas d'incendie, et que ce rideau doit toujours être baissé après le jeu ; que la manœuvre du rideau doit se faire du corps-de-garde des pompiers, pour qu'il soit lâché aussitôt que la sonnette d'alarme se fera entendre;

6° Que toute communication avec les dessous doit être interdite à toute autre personne qu'au lampiste et au machiniste ;

7° Que toutes les portes de communication du théâtre avec

les dehors du mur d'enceinte, doivent être formées avec des portes retombantes, en fer ou en bois doublé de tôle ;

8° Que toutes les constructions en dehors du gros mur d'enceinte, telles que corridors, escaliers, loges d'acteurs, foyers, etc., doivent être faites en matériaux incombustibles ;

9° Que toutes les lumières, tant du théâtre que du lustre, doivent être entourées d'un réseau métallique ;

10° Que les magasins de décors doivent être séparés du théâtre ;

11° Que les issues pour la sortie et l'entrée doivent être larges et nombreuses ;

12° Que les fils des sonnettes d'alarme, dans les différents étages, doivent correspondre chacun à la cave, et ne pas être, comme aujourd'hui, solidaires l'un de l'autre ;

13° Qu'il ne doit y avoir aucun logement particulier dans l'établissement ;

14° Que les ouvriers ne doivent pas avoir leurs ateliers de menuiserie dans les dessus, et que défense doit leur être faite de fumer en travaillant et de travailler à la lumière ;

15° Que toutes les toiles de plafonds et autres doivent, autant que possible, être imbibées de dissolutions salines pour retarder le développement de la flamme ;

16° Que des portes de retraite doivent être ménagées des cintres au dehors, soit par les escaliers, soit par les plombs, pour les sapeurs de service.

Outre toutes ces précautions, qui regardent la construction proprement dite des salles de théâtre, on a pensé que, dans un cas de nécessité, les secours venant du dehors ne seraient pas assez prompts, attendu la rapidité avec laquelle le feu prend dans de pareils établissements ; on a donc établi un service particulier et permanent dans chaque théâtre, tant en personnel qu'en matériel.

MOYENS D'UTILISER LES ISOLEMENTS DES SALLES
DE SPECTACLE.

Depuis longtemps on s'occupe des moyens de rendre les salles de spectacle moins dangereuses pour le public, tant sous le rapport de la circulation que sous celui de la salubrité, et surtout sous celui des chances d'incendie. On a déjà beaucoup fait, et grâce aux soins de l'administration, on a amélioré beaucoup ces établissements, mais il reste encore quelque chose à faire.

La facilité de la circulation ne peut être et ne sera jamais ce qu'il faudrait qu'elle fût, parce que le vaste terrain qu'exige la construction d'une salle de spectacle coûte extrêmement cher, et que, dans le but de conserver pour la scène et pour l'emplacement du public le plus d'espace possible, on tend toujours à rétrécir les corridors et à diminuer l'espace destiné aux escaliers de dégagement. Or, sans nuire aux propriétaires de ces établissements, en ce qui concerne la capacité du local, on peut augmenter les issues pour la circulation, et rendre en même temps plus faciles et plus sûres les opérations des sapeurs-pompiers, et voici comment on peut y parvenir :

Jusqu'ici les isolements de 3 mètres (9 pieds) autour des salles de spectacle ont été regardés comme devant être libres pour la circulation des sapeurs, et les règlements de police ont défendu que ces isolements fussent encombrés. Cependant, par des abus de la part des administrateurs des théâtres, et par des tolérances fâcheuses de la part de l'administration de la police, ces isolements ont été en partie envahis ; or, il faut faire disparaître ces mesures de tolérance et en revenir à considérer les isolements comme appartenant à l'administration de la police, tant que l'exploitation du théâtre a lieu ; car ils sont destinés à la sûreté publique, qui est de son ressort, et ce terrain lui appartient pour la police du théâtre ; telle est du moins mon idée, et je la base sur ce qu'on ne peut en faire aucun usage sans son autorisation.

Cette opinion posée, on peut remarquer que ces isolements, tels qu'ils existent ou devraient exister, ne peuvent être utiles sous le rapport de la répression du feu, car ce sont des murs d'une grande hauteur qui séparent seulement le théâtre des propriétés voisines, et mettent entre elles et le théâtre un corridor de 3 mètres (9 pieds); mais les sapeurs ne peuvent manœuvrer du bas de ces isolements au-dessus de ces murs.

On pourrait utiliser ces isolements d'une manière très-efficace sous plusieurs rapports, et pour cela on proposerait de construire dans ces isolements, autant d'étages voûtés, en matériaux incombustibles, qu'il y a d'étages de loges ; ces corridors spacieux qui appartiendraient à l'administration de la police et seraient sous la surveillance, isoleraient toujours complètement les théâtres des propriétés voisines ; serviraient à faire la queue à l'abri des injures du temps ; fourniraient les cages aux escaliers des logis et permettraient d'avoir un dégagement particulier pour chaque étage. Enfin, dans un cas quelconque de sinistre, on sortirait immédiatement des corridors des loges pour se porter dans le corridor de l'isolement, qui se fermerait par des portes en fer ; une fois dans ce corridor, le public serait hors de danger et pourrait se retirer librement et promptement ; il y aurait sortie par devant, et par derrière la salle, au moyen de quatre escaliers ; deux d'un côté, deux de l'autre ; le parterre sortirait par l'isolement du rez-de-chaussée et par le devant. Les bureaux seraient à l'entrée de chaque corridor, et on pourrait prendre ses billets en entrant pour faire la queue, au moyen de barrières mobiles.

Cette mesure serait favorable aux propriétaires des théâtres, puisque les cages des escaliers actuels leur seraient rendues, et on utiliserait le terrain des isolements, qui, dans l'état actuel, est du terrain perdu.

Le public une fois retiré, les pompiers pourraient, au moyen de ces corridors, manœuvrer à couvert dans tout le pourtour de la salle et du théâtre, à chaque étage ; à la hauteur des combles, ils manœuvreraient par la terrasse de l'isolement supérieur.

Cette proposition pourrait être discutée de nouveau au Conseil des bâtiments civils, puisqu'elle concerne en grande partie les architectes.

Sous aucun prétexte, il ne pourrait être rien mis dans ces corridors que des quinquets pour la promenade du public.

Nota. Cette mesure a été discutée devant le Conseil des bâtiments, présidé par M. Vatout, mais on n'y a pas donné suite, sans doute parce que M. Paulin n'était pas architecte et membre du Conseil des bâtiments civils.

PERSONNEL.

Les accidents du feu peuvent arriver pendant le jeu et après le jeu. Généralement, les petits accidents qui arrivent pendant le jeu n'ont aucune suite, parce que tous les yeux sont ouverts sur le danger, et que beaucoup de personnes sont présentes sur tous les points, en sorte que les secours sont instantanés. Ces secours se composent d'un sapeur, placé de chaque côté de chaque cintre, et d'un sapeur de chaque côté de la scène ; plus de 10 sapeurs pour chacune des pompes existant dans le théâtre.

Après le jeu, il se fait une ronde par le sous-officier qui commande le détachement arrivé pour le jeu, le caporal de nuit et un des administrateurs du théâtre, afin de s'assurer qu'il n'y a pas de danger pour la nuit et faire éteindre toutes les lumières. Cette ronde faite, il reste au théâtre un caporal et deux hommes ; les sapeurs montent la garde, et le caporal fait des rondes.

Dans presque tous les théâtres qui ont été incendiés, le feu s'est manifesté après le jeu, et a été attribué à la malveillance.

Pour mettre les sapeurs en position de pouvoir agir, on leur donne des éponges à mains, des éponges à perche, des croissants, des seaux remplis d'eau, afin de pouvoir éteindre tout commencement du feu qui se manifesterait à une petites distance d'eux; mais, comme ces moyens seraient bien loin d'être suffisants, on a placé dans les théâtres des appareils permanents qui consistent :

1° En réservoirs;

2° En colonnes en charge ou colonnes de chute;

3° En colonnes d'ascension.

Les réservoirs sont placés dans les points les plus élevés des parties de maçonnerie, afin de pouvoir être assis convenablement pour la solidité et donner la plus grande pression possible; leur grandeur varie suivant le nombre de colonnes de chute, ou la grandeur du théâtre.

Les colonnes en charge ou de chute sont celles qui sont alimentées par les réservoirs et destinées à agir instantanément, parce qu'il suffit de tourner le robinet du boisseau pour que l'eau arrive à la lance par son poids et que le sapeur puisse agir; mais il est à remarquer que, soit à cause des frottements, des coudes et du peu de hauteur des réservoirs, presque toutes ces colonnes sont d'un secours peu efficace, parce que le jet est peu considérable.

On peut remplacer très-utilement ces colonnes de chute par l'appareil Guérin, que nous décrirons plus bas.

Les colonnes d'ascension sont celles qui sont alimentées par les pompes placées dans les caves dont les aspirales plongent dans de grands réservoirs souterrains. Ces pompes sont manœuvrées par les sapeurs de représentation ou par des bourgeois, si c'est hors de la représentation, et l'eau arrive à la lance du sapeur de faction, soit sur le théâtre, soit dans les cintres.

Pour que l'eau arrive à la lance de la colonne d'ascension, après le coup de sonnette d'alarme, il se passe une minute et demie, parce qu'il faut ce temps à l'eau pour parcourir une distance de 16 mètres 24 centimètres à 20 mètres (50 à 60 pieds) de hauteur verticale : or, ce temps étant bien long dans un cas d'incendie, on a remédié à cet inconvénient en faisant toujours tenir les colonnes d'ascension en charge pendant le jeu.

Pendant le jeu, chaque sapeur en faction est près d'une armoire dans laquelle se trouvent tous les moyens de secours ; les boyaux sont déployés et le sapeur prêt à agir.

Les colonnes d'ascension sont d'un très-bon effet, parce que le jeu est fort, continu, et qu'on peut arriver à porter l'eau abondamment sur les points les plus élevés de l'édifice.

Nota. On appelle cave dans un théâtre, le lieu souterrain et voûté où se trouvent les pompes et les sapeurs qui doivent les manœuvrer pendant la représentation. Ils sont placés ainsi pour pouvoir manœuvrer jusqu'à la dernière extrémité, n'ayant pas de risques à courir de la chute des matériaux, et ayant une porte de retraite.

DES FÊTES PARTICULIÈRES ET PUBLIQUES.

Dans les grands salons où l'on donne des fêtes, ainsi que dans les fêtes publiques, pour lesquelles on fait des constructions particulières, où l'on place une grande quantité de tentures et de lumières, il peut arriver de graves accidents : nous l'avons vu à la fête donnée par le prince de Swartzemberg à Paris, en 1810.

Dans ce cas, on ne peut pas avoir des établissements fixes, mais on dispose à l'avance des pompes mobiles, dont l'emplacement est déterminé, et qu'on masque avec des tentures. Il faut que les sapeurs soient placés dans l'intérieur, et cela ne doit pas effrayer ; au contraire, cela doit rassurer ; s'ils étaient en dehors et qu'un accident arrivât, le public, se précipitant au dehors, empêcherait les sapeurs d'entrer, et tout secours deviendrait inutile, ce qui arriva pour ce même motif en 1810.

Les angles sont les points à choisir pour la position des sapeurs de garde, parce que les encoignures donnent des espaces pour les placer sans gêner personne, et que l'éloignement des portes de communication leur permet d'agir plus librement.

Les pompes doivent être placées près des réservoirs d'eau les plus voisins.

MEULES DE BLÉ, DE FOIN.

Les meules de foin ou de blé sont cylindriques et recouvertes par une partie conique ou toiture. Cette toiture est formée avec de la paille placée en long ; or, lorsque le feu prend à ces amas, la partie la plus susceptible de s'enflammer rapidement, est celle qui forme la toiture, parce que la paille est moins tassée et placée en long ; c'est aussi la partie la plus dangereuse, parce qu'elle est la plus élevée. Il faut donc s'occuper de la préserver en premier lieu : les parties formant le pourtour du cylindre étant fortement tassées, la combustion n'attaquera que la superficie, qui brûlera lentement, la flamme ne pouvant pénétrer dans l'intérieur. En jetant une grande quantité d'eau sur la toiture et le plus possible dans la partie supérieure, cette eau, après avoir éteint la partie supérieure, coulera en nappe, ne sera pas perdue puisqu'elle viendra humecter les parois du cylindre, et l'on parviendra ainsi à maîtriser le feu ; on s'occupera ensuite à éteindre le feu qui serait autour de la meule, et surtout à la rencontre de la toiture avec le cylindre de la meule.

Cette opération faite, il faudra déblayer la meule pour être sûr que le feu ne couve pas, pour sauver les parties qui n'ont pas été en contact avec le feu et qui se gâteraient. Pour cela, on montera sur la meule, on retirera ces denrées couche par couche, en commençant par la partie supérieure, afin d'éviter les éboulements et la propagation du feu. On les divisera ensuite sur le terrain pour découvrir tous les points attaqués et les éteindre.

On pourrait, pour plus de sécurité, recouvrir les parois de la meule et la toiture avec de la boue, en sorte que dans les premiers moments le feu ne ferait que de faibles progrès, et il serait facile de s'en rendre maître.

Au lieu de faire des meules très-élevées, il faudrait, le plus possible, en faire un plus grand nombre peu élevées et à une certaine distance l'une de l'autre ; par ce moyen, on éviterait de grandes pertes si le feu ne prenait qu'à une seule ; d'ailleurs, dans ce cas, on pourrait avoir un moyen facile de se rendre maître du feu ; on aurait une toile à voile avec quatre anneaux aux angles ; des perches à croc, de la hauteur du point le plus élevé de la meule ; au moment où le feu se déclarerait, on mouillerait cette toile, on l'enlèverait par les quatre angles avec les perches, dont les crochets seraient passés dans des anneaux, et on la placerait sur le faîtage en la laissant retomber sur toute la toiture. Alors, en tirant sur les angles avec les crocs, on intercepterait l'air sur la toiture, qui est la partie la plus combustible, et l'on se rendrait facilement maître du feu, en continuant à jeter de l'eau sur cette toile.

MAGASINS AUX FOURRAGES.

Dans les magasins de fourrages, si le feu prend dans un point, il faut immédiatement porter les secours à droite et à gauche du point embrasé, en déblayant sur une largeur de quelques mètres, et établir une nappe d'eau dans chacune de ces tranchées pour empêcher le feu de se communiquer aux parties voisines.

PRÉCAUTIONS À PRENDRE DANS LA CONSTRUCTION DES MAISONS DANS LES VILLES ET VILLAGES.

Il faut :

1° Que les rues soient larges;

2° Que le mur mitoyen entre deux maisons soit en bonne maçonnerie, afin que si l'une d'elles s'écroule par suite de l'incendie ou pour toute autre cause, celle qui lui est contiguë n'ait rien à craindre pour sa solidité.

3° Que ce mur mitoyen soit exhaussé d'un mètre (3 pieds) au-dessus du faîtage le plus élevé des deux maisons contiguës, afin d'empêcher le feu de se communiquer d'une maison à l'autre en suivant le faîtage et les rampants de la toiture; ce mur servira, en même temps, à établir des gradins pour la réparation des couvertures; de parapet, derrière lequel se tiendront les sapeurs-pompiers pour attaquer facilement le feu; on pourra aussi y adosser avec avantage les tuyaux de cheminées;

4° Que les pannes des rampants des toitures ne soient pas encastrées par leurs extrémités dans les murs mitoyens, ce qui peut, lorsque les maisons sont de même hauteur, communiquer le feu d'une maison à l'autre; il doit en être de même des faîtages.

Ces pannes et faîtages doivent reposer par leurs extrémités sur une ferme adossée au mur mitoyen, afin que lorsque, par un motif quelconque, les toitures viendront à s'écrouler, elles ne puissent déchirer le mur mitoyen, ce qui permettrait au feu de se communiquer d'une maison à l'autre dans le cas où l'écroulement proviendrait d'un incendie.

Les mêmes précautions devraient être prises pour les planchers, dont aucune pièce en bois ne devrait être encastrée dans le mur mitoyen; il faudrait les faire reposer sur des chevêtres appuyés le long des murs, et supportés par de forts corbeaux en fer, dont la queue pourrait occuper, pour plus de solidité, toute l'épaisseur du mur mitoyen ; on rendrait, par ce moyen, la chute des planchers moins facile et moins dangereuse. Le feu pourrait se communiquer dans la maison voisine par les abouts des poutres, ou par les déchirures qui se font.

Nota. Les murs mitoyens devraient préférablement être construits en briques, ces matériaux étant plus réfractaires, moins susceptibles de s'éclater par l'action du feu, et présentant plus de solidité pour la construction à cause des assises planes.

La nécessité d'un bon mur mitoyen et de son élévation à un mètre (3 pieds) au-dessus du faîtage, se fait encore plus sentir dans la construction des maisons des villages, parce que ces dernières sont souvent couvertes en chaume, et que lorsque le feu a pris à une couverture, il se communique à toutes celles qui lui sont contiguës, sans que rien puisse s'y opposer matériellement et donner aux sapeurs le temps d'arriver.

DU RIDEAU DE FER.

Le rideau métallique doit être en réseau et non plein, comme l'a dit M. Darcet dans sa brochure sur le théâtre de l'Odéon, parce que cette fermeture suffit pour arrêter les parties enflammées qui pourraient passer de la salle au théâtre, et réciproquement ; que ce réseau métallique s'échauffera peu à cause du courant d'air continuel qui le rafraîchira ; que les sapeurs-pompiers pourront, à travers les mailles, lancer encore sur le foyer une grande quantité d'eau, et qu'enfin, chose essentielle, il s'établira un courant d'air du point non incendié à celui qui le sera, courant qui portera tout le danger sur un seul point ; il faut donc conserver ce courant et l'augmenter même s'il est possible, attendu qu'il entraînera la fumée vers le foyer, et laissera le reste du terrain praticable pour les travailleurs.

Le rideau plein, au contraire, s'échaufferait facilement, rougirait même et pourrait communiquer le feu au côté opposé au foyer; il empêcherait de pouvoir agir de la salle sur le théâtre, et réciproquement. D'ailleurs, à cause de sa grande surface et de sa légèreté obligée pour la manœuvre, il résisterait difficilement à la pression de l'air.

Ce rideau coûterait aussi infiniment plus cher que celui en réseau métallique.

APPAREIL GUÉRIN.

(Pl. III, fig. 21.)

L'appareil Guérin a pour but de comprimer l'air dans un réservoir, à trois atmosphères environ, et de lancer l'eau par l'effet de cette pression, ce qui permet de la projeter à une grande hauteur.

A cet effet, il y a trois réservoirs, H, I, K, qui peuvent ne pas être de même forme, mais doivent être de même capacité; ils sont réunis par des tuyaux. On ferme le robinet A; avec une pompe, on fait monter l'eau dans le tuyau M, elle tombe dans le réservoir H, et de là dans le conduit L, et s'arrête en A; tout l'air contenu dans le tuyau L remonte dans le réservoir H, et passe de là dans le tuyau Q, le robinet G étant ouvert; l'eau ayant rempli le tuyau L et le réservoir H, entre dans le conduit Q, dè là passe dans le réservoir I et le tuyau N R; l'air contenu dans N R remonte et passe dans le tuyau O; l'eau ayant rempli le tuyau N R et le réservoir I, entre dans le tuyau O; par conséquent, tout l'air qui était contenu dans le tuyau L, dans le réservoir H, dans le tuyau Q, dans le réservoir I, dans le tuyau N R et dans le tuyau O, se trouve refoulé dans le réservoir K; or, comme ces trois réservoirs étaient de même capacité, le réservoir K recevant tout l'air que contenaient les trois réservoirs, cet air est nécessairement trois fois plus comprimé.

Si maintenant on ouvrait le robinet A, l'air contenu dans le réservoir K étant comprimé par le poids de deux atmosphères en sus, ferait rétrograder l'eau du tube L et du réservoir H qui ne représente qu'une atmosphère; mais en refermant le robinet C et adaptant un tube pour mettre le réservoir H en communication avec l'air extérieur, la pression sur A deviendra de deux atmosphères : des deux côtés il y aura équilibre. Il y aura donc une réaction égale à trois atmosphères, opérée par l'air du réservoir K sur l'eau du réservoir I; si donc on ouvre un des robinets D, E, F, l'eau jaillira avec l'effort de trois atmosphères, et par conséquent sera lancée à une grande hauteur.

En remplaçant donc les colonnes de chute ordinaires par l'appareil Guérin, on aura un secours des plus efficaces et instantané, puisque le sapeur n'aura qu'un robinet à ouvrir.

Le réservoir I contenant une quantité d'eau capable de permettre la manœuvre pendant quelques minutes, on aura plus que le temps nécessaire pour faire arriver l'eau de la cave à la lance de la colonne d'ascension, et par conséquent la manœuvre ne sera pas interrompue un seul instant.

APPAREIL GUÉRIN PERFECTIONNÉ.

(Pl. LII.)

L'appareil Guérin, tel qu'il a été décrit, est assez difficile à charger, et cette opération demande beaucoup de temps; c'est pourquoi on a imaginé de le construire comme l'indique la figure.

Trois réservoirs R, R', R" sont placés, les deux premiers à la partie la plus élevée du théâtre et à cheval sur un gros mur, le troisième à la partie la plus basse des dessous. Ces réservoirs sont mis en communication par des tuyaux et des robinets; ils ont une capacité proportionnée au temps que doit jouer l'appareil, mais, dans tous les cas, ils doivent avoir la même capacité entre eux.

CHARGE DE L'APPAREIL.

Pour charger l'appareil, on ouvre le robinet r et on ferme les robinets r' et r''; avec les pompes qui sont à la cave, ou par tout autre moyen, on remplit le réservoir R, et comme il est en communication avec le réservoir R' par le robinet r, ce réservoir se remplit aussi. L'air contenu dans le réservoir R' se rend par le tuyau MN dans le réservoir R'' et en sort par le robinet P; on s'aperçoit que les réservoirs R et R' sont pleins au moyen du syphon n i. La charge de l'eau étant opérée, on charge directement le réservoir R'' avec de l'air, en y comprimant ce dernier au moyen d'une pompe adaptée au robinet P; cet air vient comprimer l'eau contenue dans R', et cette pression fait monter le mercure dans le manomètre m a. Lorsque le manomètre indique la pression voulue, on ouvre le robinet r'; si la compression n'est pas assez forte pour faire équilibre au poids de l'eau, celle-ci descend de R en R'', ce que l'on reconnaît, parce qu'on l'entend tomber, et à l'abaissement du niveau de l'eau dans le syphon; alors on continue à charger le réservoir à air jusqu'à ce qu'il y ait équilibre entre la charge de l'air et le poids de l'eau.

Si, au contraire, l'air est trop comprimé, les bulles d'air traversent l'eau jusqu'à ce que l'équilibre soit établi.

L'appareil étant ainsi chargé, et l'air remis en communication avec l'eau au moyen des robinets r' et r'', si on ouvre les robinets O, etc...; qui correspondent aux différents points du théâtre, l'eau s'échappera par ces robinets avec une force égale à la pression de l'air, plus la pression exercée par le poids de la colonne d'air sur l'eau du réservoir R.

OBSERVATIONS QUI PEUVENT ENCORE DONNER MATIÈRE A UN CHANGEMENT DANS LA DISPOSITION DES RÉSERVOIRS.

Dans presque toutes les salles de spectacle, on place des réservoirs dans les parties les plus élevées, afin de donner des colonnes de chute qui forment syphon et servent aux premiers secours, parce qu'il n'y a plus qu'à tourner le robinet pour avoir de l'eau ; mais ces syphons, à cause des frottements et des coudes, ne donnent presque jamais le jet qu'on espérait avoir ; de plus, ces réservoirs, placés dans des lieux élevés, sont sujets à geler pendant l'hiver, et alors leur effet devient très-incertain, s'il n'est pas nul.

On a eu, pendant longtemps, l'habitude de prévenir cet inconvénient en entourant le réservoir de fumier ; mais alors tout dépendait des soins de celui qui était chargé de cette besogne ; de plus, ce fumier, placé avec peu de soin, tombait dans le réservoir et venait obstruer les colonnes de chute.

Plus tard on eut l'idée de placer dans ces réservoirs des cylindres qu'on remplissait de charbon, pour chauffer l'eau, comme on le fait pour les bains, mais il fallait porter du feu dans les dessus pour allumer ces cylindres, ce qui était un inconvénient majeur, puisqu'une maladresse, ou peu de soin dans cette opération, pouvait faire éclater un incendie.

M. le colonel Paulin, dans une conférence qui eut lieu en 1839, au Conseil des bâtiments (conférence qui était composée des architectes de Paris, et présidée par M. Vatout), proposa de prendre un tuyau de dérivation partant du calorifère et apportant l'air chaud par un serpentin qui, traversant le réservoir, tiendrait toujours l'eau à l'état liquide. Cette disposition remédie à tout, parce que le calorifère est allumé forcément quatre heures avant l'ouverture de la salle ; que dès-lors on est sûr que le réservoir ne pourra être gelé, parce que l'on n'aura pas à craindre la négligence ou l'oubli, puisqu'on ne peut oublier de chauffer la salle. Cette opinion fut partagée par la commission, et application en a été faite au théâtre neuf, rue Saint-Marcel, où l'eau est toujours à la température tiède.

Pour faire application de ce moyen à l'appareil Guérin, M. Paulin, afin d'éviter de mettre un serpentin à chaque réservoir, a proposé de placer le premier réservoir au bain-marie dans le deuxième (*fig.* 52), et de faire passer un serpentin dans le deuxième. Cette disposition a été appliquée au théâtre nouveau de l'Opéra-Comique.

On objecta pourtant que l'entrée du serpentin dans le réservoir d'eau, pourrait laisser fuir le liquide si la jonction n'était pas parfaitement lutée. M. Paulin proposa, dans ce cas, d'envelopper le réservoir d'eau d'une seconde enveloppe et d'envoyer dans le vide laissé entre les deux enveloppes, l'air chaud venant par le serpentin.

Il est pourtant à croire que l'eau ne gèlerait pas dans l'appareil Guérin, à cause de la compression de l'eau par l'air, à plusieurs atmosphères.

CONSIGNE GÉNÉRALE POUR LE SERVICE DES THÉATRES.

ART. 1. Les détachements de service dans les théâtres devront toujours être arrivés un quart-d'heure avant l'ouverture des bureaux de recette.

ART. 2. Le caporal de grande garde vérifiera si tous les objets du matériel portés sur l'inventaire déposé dans les postes, sont placés où ils doivent être, et s'ils sont en bon état ; il visitera également les bornes-fontaines et les réservoirs.

ART. 3. A l'ouverture des bureaux, le sous-officier commandant fera prendre les postes : les hommes de grand'-garde seront employés de préférence à ceux des théâtres ou des cintres.

ART. 4. Les factionnaires seront conduits à leurs postes par les sous-officiers, qui leur donneront les consignes et examineront si, à chaque poste, le boisseau est en bon état, la clef bien tournée, les boyaux bien placés, les éponges humides, les croissants et les haches en bon état.

ART. 5. Quand les postes sont pris, le commandant du

détachement fait sonner à toutes les armoires, afin de s'assurer de la solidité des fils-de-fer; ensuite il fait manœuvrer les pompes jusqu'à ce que l'eau arrive aux réservoirs supérieurs, et que ceux-ci soient pleins.

ART. 6. Les factionnaires s'occuperont de surveiller les portants de lumière, les herses et les pièces d'artifice pendant le spectacle, et particulièrement pendant les changements de décorations. Ils ne laisseront pas déposer des décorations ou autres accessoires du théâtre devant leur armoire; s'ils éprouvaient de la part des employés du théâtre quelques difficultés pour l'exécution de cette dernière disposition, ils en préviendraient sur-le-champ le commandant du détachement, qui en référera au commissaire de police de service.

ART. 7. Les factionnaires ne quitteront leurs postes qu'à l'extinction des lumières, et après avoir développé les boyaux des colonnes en charge; ensuite, le sous-officier de service, avec le caporal de grand'garde, fera une ronde dans les dessous du théâtre afin de s'assurer qu'aucune lampe n'y reste allumée et qu'il n'y a aucun danger.

Ce ne sera qu'après avoir fait cette ronde, et après l'entière extinction des lumières du théâtre, du lustre, de la rampe et de l'orchestre, et après que le développement des boyaux des colonnes en charge aura été fait, que l'officier ou sous-officier commandant fera partir le détachement.

ART. 8. Après le départ du détachement, un caporal, assisté d'une personne attachée à l'administration du théâtre, fera une ronde générale.

ART. 9. Pendant toute la nuit, toutes les armoires seront ouvertes. Pendant le jour, les boyaux seront reployés et les armoires fermées, à l'exception d'une des armoires de colonne de chute sur le théâtre.

ART. 10. Pendant le jour et la nuit, le temps de la représentation excepté, il sera placé une sentinelle sur le théâtre; elle sera en tenue le jour, et en bonnet de police la nuit; elle sera armée de son sabre, elle aura dans sa poche une clef de toutes les armoires. Pendant la nuit, son casque sera placé en un point déterminé pour chaque théâtre, et autant que possible, près de la lampe de nuit; en tout temps il y aura une hache placée au même point.

ART. 11. Dans les théâtres où il y a un caporal et plus de deux sapeurs de grand'garde, le caporal ne fera que des rondes pendant la nuit; en outre il posera et relèvera la sentinelle.

Dans les théâtres où la grand'garde est composée d'un caporal et de deux sapeurs, le caporal restera en surveillance sur le théâtre pendant les deux heures qui suivront la ronde prescrite, art. 8; il fera en outre des rondes fréquentes dans le théâtre.

ART. 12. Les caporaux de grand'garde devront faire prendre les postes des colonnes en charge, lors des répétitions avec lumière, lorsqu'il n'aura pas été commandé de détachement extraordinaire; ils feront prévenir le commissaire de police des répétitions qui devront avoir lieu avec lumières aux portants, ou artifices; ils feront connaître aux hommes de service tous les établissements, les réservoirs, tous les secours qui sont à leur disposition, et le parti qu'on peut en tirer; ils leur apprendront comment les pompes et les colonnes en charge sont alimentées, et le moyen d'employer une pompe aspirante comme foulante. Ils leur feront connaître aussi la manière d'ouvrir les bornes-fontaines qui environnent les théâtres, et les diverses issues qui donnent accès au théâtre et dans la salle; ils ne devront rien omettre pour que les hommes placés sous leurs ordres soient en état de les seconder avec intelligence, en cas d'évènements.

Consigne pour les hommes placés au théâtre, sur les ponts et dans les cintres.

Lorsqu'on sonne à votre poste, il faut sonner à celui qui est au-dessous du vôtre. Si le feu se manifeste, et que vos seaux, vos éponges et votre croissant soient insuffisants pour l'éteindre promptement, sonnez, tournez la branche de la clef du boisseau devant vous, prenez les boyaux à brassée, sortez-les de l'armoire, et développez-les de manière que l'eau puisse circuler librement, et qu'ils ne puissent être atteints par le feu.

Quand vous vous servirez d'une colonne en charge, vous n'ouvrirez le robinet qu'après avoir développé les boyaux.

Consigne pour le chef qui commande la manœuvre de la pompe.

Lorsqu'on sonnera à votre poste, vous ferez aussitôt manœuvrer la pompe dont la sonnette aura été entendue, et ferez cesser la manœuvre lorsque vous entendrez un nouveau coup de sonnette.

Consigne pour la sentinelle de jour et de nuit.

Si le feu se manifeste dans quelques parties du théâtre ou de la salle, vous sonnerez de suite pour avertir les sapeurs qui sont au poste et les employés du théâtre qui sont logés dans l'intérieur; en attendant leur arrivée, vous emploierez tous les secours qui sont à votre disposition, et particulièrement les colonnes en charge.

Consigne pour le poste pendant le jour et la nuit, le temps de la représentation excepté.

Dès que la sonnette d'alarme se fait entendre, le caporal, suivi de toute la garde, se transportera vivement auprès de la sentinelle, reconnaîtra le feu, et si cela est nécessaire, le fera attaquer avec tous les jets provenant des colonnes en charge; il réunira ensuite le plus de monde qu'il lui sera possible, pour faire manœuvrer les pompes. Si, avec tous ces moyens, il ne peut pas s'en rendre maître, il criera : *au feu!* et fera tout ce qui dépendra de lui pour faire prévenir promptement le commissaire de police, et la caserne du corps la plus près du théâtre.

OBSERVATIONS SUR LES DIFFÉRENTES MANIÈRES DONT ON CROIT DEVOIR ÉTEINDRE LES INCENDIES.

En province, et dans la banlieue de Paris, on a l'habitude, et l'on trouve tout simple, d'abattre, dès le commencement d'un incendie, toutes les charpentes enflammées et de faire ce qu'on appelle la part du feu.

Cette manière d'opérer est très-mauvaise et prouve que les sapeurs-pompiers n'entendent pas leur métier.

En effet, en abattant, on met plus de parties à découvert, on donne de l'aliment au feu; d'ailleurs une pièce de bois brûle moins vite en l'air et debout, que lorsqu'elle repose sur le foyer; debout, elle n'est qu'effleurée et charbonnée, et en la noircissant on peut la conserver.

D'un autre côté, si ceux qui font jouer la hache ne connaissent pas bien la valeur de chaque pièce de charpente et la nature de la construction de l'édifice embrasé, ils peuvent causer de graves accidents par la chute de ces charpentes, et ébranler le bâtiment; ils encombrent, en outre, tous les dessous et gênent les manœuvres.

Comme nous l'avons dit plus haut, on ne doit employer la hache qu'à la dernière extrémité.

Les sapeurs-pompiers de Paris ne considèrent un feu comme ayant été bien attaqué, et les dispositions bien prises, que lorsque les charpentes sont restées debout après avoir été charbonnées. Cela prouve, en effet, que si l'intensité du feu eût été moins grande, les secours avaient été dirigés de

manière à produire un heureux résultat, puisque, malgré
toute sa violence, on a pu empêcher qu'il ne dévorât tout.

DU SAUVETAGE.

Nous avons dit que, pour sauver les personnes dans les
étages incendiés, lorsque les escaliers sont impraticables, on
se servait du sac de sauvetage; mais il est bien entendu que
si l'on avait plusieurs personnes à sauver à la fois, et qu'il
y en eût d'assez hardies et d'assez adroites pour pouvoir
descendre avec des échelles à crochets, des échelles de cordes,
des cordes à nœuds, des cordes lisses, des brassières, etc., on
se servirait de tous ceux de ces moyens qu'on aurait à sa disposition.

NOMENCLATURE

DES OBJETS QU'ON DOIT AVOIR EN MAGASIN.

*Les objets nécessaires au service du corps des sapeurs-pom-
piers, et qu'on doit toujours avoir en approvisionnement dans
les magasins, sont :*

Charriots.	Chapeaux couverts.
Pompes.	Tuyaux d'aspiration.
Tamis.	Tonneaux.
Boudins.	Flambeaux.
Vis de boudins.	Falots de ronde.
Demi-garnitures.	Seaux à incendie.
Lances.	Eponges à main.
Raccordements.	Eponges à perche.
Pièces à deux vis.	Perches à croissant.
Leviers.	Echelles à crochets.
Cordages.	Sacs de sauvetage.
Haches.	Appareils-Paulin.

Objets qui servent à compléter ceux qui précèdent :

Roues de charriot.	Baches ou couvertures de pompes.

Tricoises pour serrer les rac-   Roues de tonneaux.
    cords.   Goudron.

Clefs de bornes-fontaines.   Saindoux.

Esses de chaînes.   Vieux oing.

Boîtes de raccordement.   Huile.

Viroles de cuivre.   Réchaud.

Viroles à collet.   Marmite.

Ligatures.   Brosses.

Robinets de tonneaux.   Boucles à collets.

DÉTAILS DES DIVERSES MANŒUVRES DE LA POMPE, ET MOTIFS QUI LES ONT DÉTERMINÉES.

Lorsqu'un poste est prévenu qu'un incendie a éclaté sur un point, les sapeurs sortent la pompe de la remise (1), s'attèlent au charriot et se transportent avec toute la célérité possible sur le lieu de l'incendie.

Pour prendre leurs positions près de la pompe, et faire, en marchant, tous les mouvements que comporteut le trajet à parcourir, prévenir les accidents que la nature du terrain peut occasioner, et rendre enfin la fatigue moins grande, il a fallu donner aux sapeurs des principes.

Ce sont les détails suivants qui formeront l'objet de la première leçon :

La pompe étant chargée comme nous l'avons vu (page 92), doit toujours être conduite et manœuvrée par trois hommes, au moins ; sur ces trois hommes, l'un est ordinairement caporal et est chef de pompe ; les deux autres sont simples sapeurs, et s'appellent, l'un premier servant, l'autre deuxième servant ; les fonctions de ces trois hommes sont bien distinctes dans la manœuvre, et ils sont indispensables pour exécuter tous les mouvements ; les autres sapeurs ou bourgeois, si l'on s'en sert pour manœuvrer à l'eau, ne sont considérés que comme travailleurs.

(1) Lorsqu'une pompe est dans la remise, elle repose à terre sur la tête de la flèche.]

PREMIÈRE LEÇON.

MOUVEMENTS DE LA POMPE PLACÉE SUR LE CHARRIOT.

Le commandant, quel que soit son grade, ayant désigné les hommes qui doivent manœuvrer une pompe, et les fonctions que chacun doit remplir, fera porter les hommes près de cette pompe, et pour cela il commandera :

A la pompe!

A ce commandement, le premier servant sera placé par le chef de pompe à la gauche de la flèche en avant de la traverse, la touchant avec les deux talons; en le plaçant, on lui indiquera qu'il est premier servant.

Le deuxième servant sera placé à la droite de la flèche devant la traverse, les talons la touchant; en le plaçant, on lui indiquera qu'il est deuxième servant.

Le chef se placera ensuite devant le premier servant à un pas de lui.

L'instructeur voulant faire prendre à chacun la place qu'il doit occuper pour la manœuvre, commandera :

A vos postes ! (Pl. XV.)

A ce commandement, le chef de pompe fera un à-gauche et se portera rapidement et en rasant la roue gauche des charriots, à 32 centimètres (1 pied) en arrière de ce charriot.

Le premier et le deuxième servants feront un pas en arrière en élevant un peu les pieds, et partant du pied gauche: ils se placeront entre la pompe et la traverse de la flèche, les talons réunis, la pointe des pieds à 162 millimètres (6 pouces) de la flèche.

L'instructeur voulant faire lever la flèche commandera :

1. *Garde à vous !*
2. *Sapeur!*
3. *Au levage!* (Pl. XVI.)

Au premier commandement, les sapeurs prêteront attention.

Au deuxième commandement, ils prendront la position du soldat sans armes.

Au troisième, le chef ne bougera pas; le premier et le deuxième servants se baisseront simultanément, saisiront la traverse de la flèche dans les deux mains, comme l'indique la figure 4, pour les deux servants, les ongles en dessous, la main du côté de la flèche, touchant la tête de la flèche; ils se relèveront ensuite ensemble, maintiendront la traverse de la flèche à hauteur de ceinture, les coudes au corps et le haut du corps un peu en avant.

CONVERSIONS DE PIED FERME DANS LA POSITION DE LA MARCHE EN AVANT, SEULEMENT LA POMPE ÉTANT SUR LE CHARRIOT.

Il n'y a pas de raisons pour que le *tournez-à-droite* se fasse d'une autre manière que le *tournez-à-gauche*.

Tournez à gauche !

Quatre mouvements.

Au commandement de *un*, le chef déboîte à gauche.

Au commandement de *deux*, il se fend du pied droit, de manière que la pointe de ce pied soit à 16 centim. (6 pouces) de la bande de la roue.

Au commandement de *trois*, il saisit la partie cintrée du cordon de la bâche avec la main droite et s'appuie dessus.

Au commandement de *quatre*, il se fend du pied gauche à 48 centim. (18 pouces) en avant, et 16 centim. (6 pouces) sur le côté, sans lâcher le cordon de la bâche. Il examine quel est le rais le plus rapproché de la verticale et le saisit avec la main gauche, cette main touchant la jante de la roue. Dans cette position il résiste tant que dure le mouvement.

Au commandement de *marche*, fait par l'instructeur lorsqu'il voit que le chef est en position, les deux servants obliquent à gauche sans gagner du terrain en avant pour que la pompe ne change pas de position.

Le *tournez-à-droite* se fait d'après les mêmes principes, mais par des mouvements inverses.

Demi-tour à droite et demi-tour à gauche.

L'instructeur, voulant faire faire les demi-tours, commandera :

1. *Demi-tour à droite (ou à gauche) !*

2. *Marche !*

A ces deux commandements, le chef et les deux servants agiront comme ils l'ont fait pour les à-droite et les à-gauche, sauf qu'au lieu de ne faire décrire au charriot qu'un quart de cercle, on lui fera décrire un demi-cercle.

MOUVEMENTS EN ARRIÈRE.

Si l'instructeur veut faire exécuter les mêmes manœuvres dans la position de la marche en arrière, il commandera :

En arrière ! (Pl. XX.)

A ce commandement, le chef passera de l'arrière à l'avant, et se placera au côté gauche de la pompe, entre elle et la traverse de la flèche, à 32 centimètres (1 pied) du charriot ; les deux servants passeront en même temps du dedans au dehors de la traverse de la flèche, en passant par les côtés ; maintenant la traverse à hauteur de ceinture ; le premier servant avec la main droite et le second avec la main gauche, faisant face en arrière et les pieds à 24 centimètres (9 pouces) environ en avant de la traverse ; ils saisiront alors la traverse à deux mains, les ongles en dessous, le haut du corps en avant.

L'instructeur, voulant faire tourner à droite, commandera :

1. *Tournez à droite !* (Pl. XXI.)

2. *Marche !*

Au premier commandement, le chef portera la main gauche sur le cordon de la bâche, saisira de la main droite le rais supérieur de la roue le plus rapproché de la position verticale, comme l'indique le figure 4 pour le chef, se fendra du pied droit à 48 centimètres (18 pouces) en avant et à 16 centimètres (6 pouces) sur le côté.

Au deuxième commandement, le chef résistera de la main droite, tant que durera le mouvement ; les deux servants se porteront vers la gauche en partant du pied gauche, et feront décrire à la pompe un quart de cercle.

Le mouvement achevé, le chef et les deux servants reprendront leur première position.

L'instructeur, voulant faire tourner à gauche, commandera :

    1. *Tournez à gauche !* (Pl. XXII.)
    2. *Marche !*

Ce mouvement ne pourra pas se faire par le même principe que pour tourner à droite, ce qui a eu lieu dans la position de la marche en avant, parce que la flèche ne permet pas au chef de se porter à volonté sur le côté droit ou sur le côté gauche de la pompe.

Dans cette situation, le chef ne change pas de place, mais, au premier commandement, au lieu de saisir le rais avec la main droite, il appuie cette même main sur la bande de la roue, comme l'indique la figure 6 pour le chef, tenant toujours le cordon de la hâche avec la main gauche ; et se fendant du pied droit à 48 centimètres (18 pouces) en avant et à 16 centimètres (6 pouces) sur le côté.

Au deuxième commandement, le premier et le deuxième servants tourneront à gauche, et le chef poussera la roue tant que durera le mouvement.

Le mouvement étant terminé, le chef et les deux servants reprendront leur première position.

Demi-tours.

Si l'instructeur veut faire faire demi-tour à droite (ou à gauche), il commandera :

1. *Demi-tour à droite (ou à gauche)!*
2. *Marche!*

Les demi-tours se feront d'après les mêmes principes que les tournez, sauf que le charriot devra décrire un demi-cercle au lieu d'un quart de cercle.

MARCHES DIVERSES.

L'instructeur, voulant de nouveau faire marcher en avant, commandera :

1. *En avant!* (Pl. XIX.)
2. *Marche!*

Au premier commandement, le chef passera de l'avant à l'arrière, en obliquant de deux pas à droite, se portant en avant et faisant un à-gauche, lorsqu'il sera arrivé à hauteur de l'arrière du charriot.

- Les servants, le premier par un à-gauche, le deuxième par un à-droite, se placeront entre la pompe et la traverse de la flèche, en soutenant la traverse à hauteur de ceinture, le premier de la main gauche, le second de la main droite, la reprenant ensuite à deux mains, les ongles en dessous, les coudes au corps, le corps en avant, la pointe des pieds à 16 centimètres (6 pouces) de la traverse.

Au deuxième commandement, le chef aidera les deux servants à entraîner la pompe : à cet effet, il placera sa main droite sur le cordon de la bâche, et sa main gauche sur la plate-bande de la roue, afin de lui imprimer le mouvement. Le chef et les servants partiront du pied gauche.

Lorsque l'on aura un long espace à parcourir, et que le terrain sera inégal, le chef se transportera tantôt à droite, tantôt à gauche, pour aider à la marche ; il se tiendra de préférence du côté où le terrain serait incliné, afin d'empêcher la pompe de verser.

Lorsque l'instructeur voudra faire passer du pas ordinaire au pas accéléré, ou au pas de course, il en fera le commandement.

CHANGEMENTS DE DIRECTION.

Dans la marche en avant ou dans celle en arrière, l'instructeur commandera :

1. *Tournez à droite (ou à gauche.)!*
2. *Marche!*

Au premier commandement, le chef passera immédiatement du côté de la conversion pour soutenir la pompe, mais ne posera pas sa main sur la plate-bande de la roue, parce qu'il ne doit pas aider au mouvement.

Les deux servants tourneront à droite ou à gauche, comme dans les conversions de pied ferme. Il est pourtant à remarquer qu'en conversant en marchant, la roue ne doit jamais pivoter, mais bien décrire un arc de cercle plus ou moins grand, parce que, dans le cas où l'on irait précipitamment, on risquerait de renverser la pompe. La conversion terminée, on reprendra la marche en avant ou en arrière.

Dans la marche en arrière, le chef ne pourrait pas toujours se porter du côté de la conversion, à cause de la flèche qui l'en empêcherait ; mais la marche en arrière ne se fait jamais que pour quelques pas et pour rectifier une position, parce qu'on aurait plus de facilité à faire un demi-tour et reprendre la marche en avant, si la distance à parcourir était longue.

L'instructeur, voulant faire passer de la marche en avant à celle en arrière, commandera :

1. *Sapeurs!*
2. *Halte!*
3. *En arrière!*
4. *Marche!* (Pl. XXIII.)

Le chef aura soin de faire le deuxième commandement au moment où les hommes poseront l'un quelconque des deux pieds à terre : les servants s'arrêteront en faisant une retraite du corps pour retenir la traverse ; le chef abandonnera le cordon de la bâche, et les deux servants rapprocheront les deux talons.

Au troisième commandement, le chef et les servants passeront de l'avant à l'arrière, comme on l'a indiqué précédemment.

Au quatrième commandement, les sapeurs se porteront en avant en partant du pied gauche, le chef portant la main gauche sur le cordon de la bâche, et la main droite sur la plate-bande de la roue pour lui imprimer le premier mouvement.

L'instructeur, voulant faire arrêter la pompe et mettre flèche à terre, commandera :

1. *Sapeurs, halte!*
2. *Flèche à terre!* (Pl. XV.)

Au premier commandement, les sapeurs s'arrêteront, comme nous l'avons dit plus haut.

Au deuxième, ils se baisseront ensemble, poseront légèrement la tête de la flèche à terre, et se relèveront aussi ensemble, prenant la position du soldat sans armes.

Le même mouvement s'exécuterait, et de la même manière, si l'on arrêtait la pompe dans la marche en arrière.

Si, dans cette situation, l'instructeur veut faire reprendre la marche, il commandera : *au levage!* sans avoir fait changer les hommes de position.

Lorsque l'instructeur voudra faire faire repos, il commandera :

1. *En place, repos*, ou simplement *repos!*

suivant qu'il désirera que les hommes se reposent plus ou moins longtemps.

Il fera reprendre la manœuvre, en commandant :

1. *A vos postes !*
2. *Garde à vous !*
3. *Sapeurs !*

Lorsqu'il voudra commencer, il commandera :

1. *Au levage !* (Pl. XVI.)

DEUXIÈME LEÇON.

Lorsque les sapeurs sont arrivés sur le lieu de l'incendie avec la pompe et le charriot, que le chef a fait sa reconnaissance et reconnu que la pompe doit être mise en manœuvre, il faut la poser à terre sur son patin, attendu qu'elle ne peut être manœuvrée sur le charriot.

Les principes nécessaires pour séparer promptement, facilement et sans danger, la pompe du charriot, formeront l'objet de la deuxième leçon, dont les détails suivent :

Cette manœuvre se fera en cinq temps.

L'instructeur, voulant faire mettre la pompe à terre, commandera :

EXERCICE EN CINQ TEMPS.

1. *En manœuvre !* (Pl. XXIV.)

Les sapeurs étant placés à la pompe, chacun à la position qui lui a été assignée dans la première leçon, le chef passera de l'arrière à l'avant par le côté gauche de la pompe, viendra se placer devant la tête de la flèche, faisant face en arrière ; il décrira dans cette marche un arc de cercle, afin de ne pas rencontrer le premier servant.

Le premier servant fera un à-gauche, le deuxième un à-droite, et tous deux se porteront à hauteur du centre des roues, faisant face à la pompe et à 16 centimètres (6 pouces) des moyeux.

2. *Déchaînez!* (Pl. XXIV.)

Le chef portera le pied gauche en avant et le placera sur la flèche, de manière que le talon soit à hauteur de la traverse; dans cette position, il se baissera précipitamment, saisira la chaîne de l'avant de la main droite, la détachera du crochet du heurtoir et de celui de la flèche, l'attachera au crochet de l'entablement et reprendra sa première position; cette opération terminée, le premier servant se portera à l'arrière de la pompe, et retirera l'échelle qu'il placera à quelques pas en arrière en travers du charriot; le chef retirera le cordage qui est dans le côté gauche de la bâche. Le deuxième servant débouclera la bretelle qui tient la bâche, la retirera, et tous deux porteront ces objets à deux pas derrière la place du deuxième servant. Le chef reprendra sa place à la tête de la flèche; le premier et le deuxième servants se porteront à l'arrière de la pompe à hauteur de la barre d'arrêt. Le premier ôtera la clavette de la main gauche, enlèvera la barre d'arrêt de la main droite et la passera au deuxième servant qui la recevra de la main gauche, la fixera sur la patte à tige située sur le flasque droit du charriot; cette opération terminée, ils se replaceront devant les roues et à 16 centimètres (6 pouces) de distance des moyeux.

3. *Au levage!* (Pl. XXV.)

Le chef se baissera brusquement, saisira la traverse de la flèche entre les deux mains, les ongles en dessous, les mains joignant la flèche, et se relèvera en la maintenant à hauteur de ceinture, les coudes au corps.

A cet instant, le premier servant placera la main droite sur le milieu du cordon de la bâche et la gauche à la partie cintrée de l'avant : il se fendra du pied droit à 32 centimètres (1 pied) de distance du gauche.

Le deuxième servant en fera autant, mais en sens inverse.

4. *Pompe à terre !* (Pl. XXVI.)

Le chef lèvera la traverse de la flèche autant que la longueur de ses bras le lui permettra, et ne l'abandonnera que lorsqu'il sentira qu'il ne repose plus que sur la pointe des pieds ; aussitôt il se portera en avant, présentera l'épaule droite qu'il placera sous la flèche, et saisira en même temps la naissance du heurtoir avec la main gauche et le talon du même avec la main droite. Dans cette position, il aura le corps penché en avant et sera fendu du pied droit. Dans ce mouvement, le premier et le deuxième servants maintiendront la bâche en pressant dessus pour empêcher la pompe d'être renversée par la secousse.

5. *Otez le charriot !* (Pl. XXVI.)

Le chef portera le poids du corps en arrière, fera effort sur le heurtoir, pendant que les servants soutiendront la pompe ; il retirera le charriot qu'il placera dans le lieu que l'instructeur aura désigné pour le parc ; il reviendra ensuite se placer devant la pompe, faisant face en arrière ; les deux servants, ayant laissé glisser la pompe et l'ayant soutenue pour qu'elle né tombe pas brusquement à terre, se placeront devant les deux flancs, lui faisant face.

EXERCICE PRÉCIPITÉ EN DEUX TEMPS.

Dans les exercices d'instruction, cette manœuvre se fait en cinq temps, parce que, pour obtenir de la régularité et de l'ensemble, il faut décomposer tous les mouvements ; mais lorsqu'on sera obligé de la faire au feu, il sera nécessaire de l'accélérer, et pour cela on exécutera les trois premiers temps au premier commandement.

An commandement de deux, on exécutera les deux derniers temps.

Seulement, avant de faire le commandement en *manœuvre,*

le chef commandera : *en reconnaissance !* afin de savoir si la pompe doit être mise en manœuvre.

Au commandement d'en reconnaissance, le chef et le premier servant prendront la hache et le cordage, comme nous l'avons indiqué à l'article *reconnaissance;* le second servant déboîtera à droite, pour laisser la facilité au chef de prendre la hache. Lorsqu'ils reviendront, ils placeront la hache et le cordage à deux pas derrière le deuxième servant, comme nous venons de le dire pour la manœuvre en cinq temps, et se remettront à leur place.

Le chef commandera ensuite : *en manœuvre !*

A ce commandement, le chef et les deux servants se placeront; on déchaînera et l'on fera au levage.

Au commandement de deux, on mettra pompe à terre et on retirera le charriot ; le premier et le deuxième servants porteront l'échelle, la hache et le cordage sur le charriot, et tous les trois reprendront leurs places sur le devant et les flancs de la pompe.

TROISIÈME LEÇON.

MOUVEMENTS DE LA POMPE SUR SON PATIN.

Lorsque la pompe a été posée à terre, le chef devra, suivant les localités et la nature du feu qu'il doit attaquer, la disposer de telle ou telle manière, la rapprocher ou l'éloigner, la tourner à droite ou à gauche, etc.

Les principes d'après lesquels on doit faire mouvoir la pompe sur son patin, ce qui ne peut se faire qu'au moyen des chaînes, formeront l'objet de la troisième leçon.

CONVERSIONS DE PIED FERME.

La pompe étant à terre, et les deux servants à leurs places, l'instructeur, voulant faire tourner à droite, commandera :

1. *Tournez à droite !*
2. *Marche!* (Pl. XXVII.)

Au premier commandement, le chef se baissera, décrochera la chaîne de l'avant attachée au piton de l'entablement, prendra l'extrémité de cette chaîne avec la main gauche, les ongles en dessous; portera la main droite en arrière de celle-ci à 48 centimètres (18 pouces), les ongles en dessus; déboîtera à gauche, se placera de manière que sa chaîne soit à angle droit sur le côté gauche du patin, afin que toute la force soit employée lorsqu'on fera effort; il se fendra ensuite à 48 centimètres (18 pouces) sur la gauche, en portant le poids du corps sur la jambe gauche.

Le premier servant déboîtera à droite, se baissera, décrochera sa chaîne de son côté, la saisira comme le chef a saisi celle de l'avant, fera un à-gauche, se fendra du pied gauche, de manière à ce que la chaîne soit d'équerre avec le côté du patin.

Le second servant posera les mains sur la pompe pour l'empêcher de verser pendant le mouvement.

L'effort doit se faire d'une manière continue, afin de produire tout son effet, que la pompe n'éprouve pas de secousses, et que les chaînes résistent, tandis qu'elles pourraient se casser, si les hommes agissaient par saccades.

Lorsque le mouvement sera terminé, le chef et le premier servant attacheront les chaînes à l'entablement, et tous trois reprendront la première position.

L'instructeur, voulant faire tourner à gauche, commandera:

1. *Tournez à gauche!*
2. *Marche!* (Pl. XXVIII.)

Au premier commandement, le chef se baissera, décrochera la chaîne de l'avant attachée à l'entablement, la saisira à son extrémité avec la main droite, les ongles en dessous, portera la main gauche en arrière à 48 centimètres (18 pouces) de distance; les ongles en dessus, déboîtera à droite, se fendra du pied droit à 48 centimètres (18 pouces), se placera de manière que sa chaîne fasse angle droit avec le côté droit du patin, et portera le poids du corps sur la jambe droite.

Le second servant déboîtera à gauche, se baissera, décrochera la chaîne attachée de son côté à l'entablement, la saisira comme le chef a saisi la sienne avec la main droite, fera un à-droite, et tendra sa chaîne dans une direction perpendiculaire au côté droit du patin; le reste du mouvement se fera comme pour tourner à droite, en partant du pied gauche.

Le premier servant appuiera les mains sur la pompe pour l'empêcher de verser pendant le mouvement.

Le mouvement terminé, le chef et le second servant attacheront les chaînes à l'entablement, et tous trois reprendront la première position.

Nota. On voit que dans ce mouvement, règle générale, les deux sapeurs qui tiennent les chaînes se font face pour agir dans le même sens, quoique tirant en sens inverse, et que la main qui tient le bout de la chaîne est toûjours celle qui a les ongles en dessous, pour rendre la position du corps plus facile.

DEMI-TOURS.

Les demi-tours se feront absolument de la même manière, sauf que la pompe décrira un demi-cercle au lieu d'un quart de cercle.

L'instructeur, voulant les faire exécuter, commandera :

1. *Demi-tour à droite (ou à gauche) !*
2. *Marche !*

MARCHE EN AVANT.

L'instructeur, voulant faire porter la pompe en vant, commandera :

1. *En avant !*
2. *Marche !* (Pl. XXIX.)

Au premier commandement, le chef se baissera, lachera

la chaîne de l'avant fixée à l'entablement, se relèvera, fera un à-gauche, saisira la chaîne par le bout avec la main gauche, les ongles en dessous, et portera la main droite en arrière à 48 centimètres (18 pouces), se fendra du pied gauche, 48 centimètres (18 pouces) en avant, dirigera sa chaîne à angle droit avec l'avant du patin, et portera le poids du corps sur la jambe gauche.

Les deux servants déboîteront, le premier à droite, le deuxième à gauche, se baisseront, décrocheront la chaîne chacun de son côté, feront tous deux face à la pompe, saisiront les chaînes par le bout, le premier avec la main gauche, les ongles en dessous, le deuxième avec la main droite, la deuxième main en arrière de la première à 48 centimètres (18 pouces), les ongles en dessus; se fendront à 48 centimètres (18 pouces), l'un du pied gauche et l'autre du pied droit, et feront faire aux chaînes un angle très-aigu avec les grands côtés du patin, afin de ne perdre que peu de force.

Au deuxième commandement, ils partiront tous trois du pied qui est en arrière, en tirant sur les chaînes.

Lorsque l'instructeur voudra les faire arrêter, il commandera :

1. *Sapeurs !*
2. *Halte !*

Au deuxième commandement, le chef et les deux servants rapporteront le pied qui est en arrière près de celui qui est devant; chacun attachera sa chaîne au crochet de l'entablement qui lui correspond, et tous trois reprendront leurs positions.

MARCHE EN ARRIÈRE.

L'instructeur, voulant faire exécuter la marche en arrière, commandera :

1. *En arrière !*
2. *Marche !* (Pl. XXX.)

Au premier commandement, le chef ne pouvant pas agir avec la chaîne de l'avant qui est au milieu de l'entablement, et ne pouvant d'ailleurs, en s'en servant, que détruire l'effet qu'on se propose, puisqu'il serait seul à agir dans un sens et n'aurait rien pour le contrebalancer et déterminer le sens de la résultante de la force, appuiera ses mains sur le balancier et inclinera son corps en avant, afin de pousser, en portant le pied droit à 32 centimètres (1 pied) en arrière.

Le premier et le deuxième servants déboîteront, l'un à droite, l'autre à gauche, se baisseront, décrocheront les chaînes, les saisiront par le bout, l'un avec la main droite, l'autre avec la main gauche, les ongles en dessous, et porteront l'autre main à 48 centimètres (18 pouces) en arrière, les ongles en dessus; se fendront à 48 centimètres (18 pouces) en avant, l'un du pied droit, l'autre du pied gauche; tendront les chaînes de manière à ce qu'elles fassent un angle droit avec le petit côté du patin, et porteront le poids du corps sur la jambe qui est en avant.

Au deuxième commandement, le chef poussera avec les deux mains; les deux servants feront effort sur les chaînes, en partant du pied placé en arrière.

L'instructeur, voulant les arrêter, commandera :

1. *Sapeurs!*
2. *Halte!*

Au deuxième commandement, ils rapporteront le pied de derrière près de celui de devant, les servants accrocheront les chaînes à l'entablement, et tous trois reprendront leur première position.

CHANGEMENTS DE DIRECTION EN MARCHANT.

La marche de la pompe avec les chaînes ne peut être longue, tant en avant qu'en arrière, puisqu'elle n'est faite que pour changer la position de la pompe pendant la manœuvre.

Les changements de direction se feront donc en arrétant la marche, et en faisant ces changements comme nous venons de l'expliquer pour le cas de pied ferme.

OBSERVATION GÉNÉRALE SUR CETTE LEÇON.

Comme dans la manœuvre de la pompe avec les chaînes, il s'agit de manœuvre de force, les sapeurs devront saisir leurs chaînes bien en même temps, se fendre ensemble et ne faire effort que simultanément, sans quoi il y aurait perte de force.

Pour toutes les manœuvres de la pompe, le plus grand ensemble doit être observé.

QUATRIÈME LEÇON.

ÉTABLISSEMENT.

Lorsque la pompe a été convenablement placée par le chef, et qu'on veut attaquer le feu, il s'agit de faire l'établissement, c'est-à dire de déployer les boyaux, de fixer les raccordements, de disposer les demi-garnitures dans les positions qu'elles doivent avoir, suivant qu'il s'agit d'un feu de cave, de rez-de-chaussée, d'étage ou de comble, et de faire occuper à chacun la place qui lui est dévolue.

Ces principes formeront l'objet de la quatrième leçon. Cette manœuvre se fera pour l'instruction en cinq temps.

Etablissement en cinq temps.

La pompe étant à terre, et l'instructeur, voulant faire faire l'établissement, commandera :

Etablissement en cinq temps.

1. *Démarrez!* (Pl. XXXI.)

Le chef passera de l'avant à l'arrière, saisira la lance près de la boîte avec la main gauche, et prendra les boyaux de la main droite, à 65 centimètres (2 pieds) de cette boîte.

Les deux servants déboucleront les courroies, chacun se chargeant de celle qui est à sa droite.

2. *Otez la lance!* (Pl. XXXI.)

A ce commandement, le chef dégagera la lance qui était placée sous les boyaux et défera le dernier pli, afin que lorsqu'on voudra jeter les boyaux hors de la bâche, ce pli ne retienne plus la demi-garniture.

Les deux servants retireront les leviers par l'avant, afin qu'ils ne soient pas retenus dans les plis des boyaux par le bourrelet ; chacun d'eux s'occupera de celui qui est de son côté, et, après l'avoir retiré, le placera le long de la semelle du patin ; après quoi les servants prendront les boyaux à brassée chacun de leur côté, et les jeteront le plus loin possible, du côté de la sortie, et à la gauche du premier servant. Nous disons du côté de la sortie, parce que nous avons établi en principe que la sortie devait toujours faire face au lieu incendié, afin d'éviter les coudes des boyaux à cette sortie.

3. *Développez!* (Pl. XXXI et XXXII.)

A ce commandement, le chef, qui aura reçu des instructions, se transportera rapidement avec la lance au lieu qui lui aura été indiqué ; le deuxième servant défera les plis croisés sur le balancier, qui empêcheraient de développer ; le premier et le deuxième servants saisiront les boyaux, les développeront de la manière la plus convenable pour l'établissement, et s'occuperont, aussitôt après, de détordre les demi-garnitures, et d'arrondir les coudes. Le second servant ne devant pas perdre de vue la pompe, afin d'empêcher qu'on y touche avant le commandement, ce sera lui qui sera chargé de la première demi-garniture qui est montée sur la bâche ; de plus, il fera préparer les moyens de remplir la bâche pour le moment où il en recevra l'ordre, en faisant rassembler des seaux pleins d'eau.

Fixez l'établissement ! (Pl. XXXII.)

A ce commandement, le chef resserrera la lance, la posera à terre, fixera le collet le plus rapproché de lui ; le premier servant en fera autant pour les autres collets, et resserrera les vis. Le deuxième servant défera les courroies des tamis ; les posera sur la bâche, fera remplir la bâche, passera les leviers dans les T du balancier, inclinera ce dernier jusqu'à ce qu'une des extrémités pose sur l'entablement, afin qu'il n'y ait pas d'hésitation et que les travailleurs sachent que c'est le côté opposé sur lequel on doit agir en premier lieu, attendu qu'on ne doit jamais soulever le balancier, mais toujours appuyer dessus, afin de ne rien perdre de la force employée ; il resserrera ensuite le boudin et placera quatre travailleurs à chaque levier, les deux qui sont au centre ayant chacun un œil du balancier entre les deux mains, les autres tenant les bouts des leviers.

Prenez vos dispositions ! (Pl. XXXII.)

A ce commandement, le chef reviendra à la lance, qu'il laissera à sa droite, ainsi que les boyaux, se baissera, et prendra la lance à l'orifice, avec la main gauche, en ayant soin de placer le pouce sur la sortie. Le premier se tiendra entre le chef et la pompe, afin de communiquer au deuxième servant les ordres du chef.

L'instructeur, voulant indiquer qu'on doit manœuvrer, donnera un coup de sifflet, et le deuxième servant, qui est à la pompe, commandera fortement :

Manœuvrez !

Les travailleurs agiront sur le balancier en pressant d'abord sur l'extrémité qui est élevée, et appuieront en s'aidant du poids de leur corps jusqu'à ce que le balancier touche à l'entablement. Les hommes qui sont du côté opposé laisseront remonter le balancier sans aider ; mais aussitôt qu'il sera arrivé à la plus haute élévation, ils agiront dessus à leur tour, etc,; le deuxième servant, étant chargé de la pompe, indiquera aux travailleurs la manière dont ils doivent agir pour se fatiguer le moins et produire le plus d'effet.

Aussitôt que les travailleurs manœuvreront, l'eau passera dans les demi-garnitures et chassera devant elle l'air qui s'y trouve renfermé; cet air devant sortir pour ne pas empêcher l'eau d'arriver à la lance, le chef lèvera de temps en temps le pouce pour lui permettre de s'échapper.

Lorsqu'il sentira que l'eau arrive, il élèvera la main gauche, saisira la lance de la main droite, à hauteur de la boîte, reportera la main gauche vers le milieu de la longueur de la lance, et, dans cette position, dirigera le jet sur les points les plus essentiels à éteindre, et qui lui auront été indiqués.

Lorsque l'instructeur voudra faire cesser la manœuvre, il donnera un coup de sifflet; aussitôt le deuxième servant commandera fortement *halte!* les travailleurs cesseront; le deuxième servant fera placer le balancier de manière qu'un des T repose sur l'entablement, sans que les travailleurs abandonnent les leviers. Le chef posera sa lance.

S'il était nécessaire de faire changer de place à la pompe, l'instructeur commanderait:

A la pompe!

A ce commandement, le chef et les deux servants se transporteraient près de la pompe, prendraient leur place, feraient, au moyen des chaînes, tous les mouvements jugés nécessaires, en ayant soin de ne pas déchirer le boudin et les demi-garnitures.

ÉTABLISSEMENT PRÉCIPITÉ.

Pour l'instruction des hommes, cet exercice se divise en cinq temps, pour l'uniformité et la régularité des positions; mais au feu, où il s'agit d'agir avec célérité, cet exercice se fera en deux temps.

Au commandement de *démarrez*, on démarrera, ou prendra la lance et l'on retirera les leviers.

Au commandement de *deux*, on développera, on fixera l'établissement et l'on prendra les dispositions.

CINQUIÈME LEÇON.

DÉMONTER L'ÉTABLISSEMENT ET REMETTRE LA POMPE EN ÉTAT D'ÊTRE RECHARGÉE SUR LE CHARRIOT.

Lorsque le feu est éteint et qu'on juge que la pompe n'aura plus besoin de fonctionner, il faut démonter l'établissement, vider les demi-garnitures, replacer tous les agrès sur la pompe, de manière à ce qu'ils occupent le moins de place possible, c'est-à-dire à peu près ce qu'ils occupaient avant l'établissement; ces principes formeront l'objet de la cinquième leçon.

Il est à remarquer, cependant, que les boyaux ayant été mouillés et salis par la boue, ils sont moins flexibles, et que l'on ne pourrait que difficilement les ployer en travers sur la pompe; dans ce cas, on les ploie en écheveaux; ce qui est plus prompt et plus facile, et lorsqu'on les change, on ploie les nouveaux dans le sens transversal de la pompe, les bouts des plis enfoncés dans la bâche.

L'instructeur, voulant faire démonter l'établissement, commandera :

Démontez ! (Pl. XXXIII)

A ce commandement, le chef prendra la lance vers le milieu, avec la main droite, portera la main gauche sur la boîte, posera le pied gauche sur le boyau, à 10 centimètres (4 pouces) de sa jonction avec la boîte, tournera la lance de droite à gauche, et, après l'avoir detachée, la posera à terre; il détachera le premier collet.

Le premier servant se portera au raccordement qui réunit les demi-garnitures, prendra la vis de la main gauche, et la boîte de la main droite, tournera cette dernière de droite à gauche et les séparera ; il détachera les autres collets.

Nota. Toutes les pièces sont faites de manière qu'on les visse l'une sur l'autre en tournant à droite , pour qu'il n'y ait pas d'hésitation.

Le deuxième servant se portera au raccordement qui joint la demi-garniture au boudin, saisira la vis de la main gauche, la boîte de la main droite, tournera de droite à gauche et les séparera ; il démontera le boudin en tournant de droite à gauche, et le remplacera par la pièce à deux vis, qu'il prendra sur le patin en dévissant de droite à gauche ; le placera au tuyau de sortie, et inclinera le balancier sur l'arrière ; il portera le boudin à deux pas de l'avant du patin.

Videz les demi-garnitures ! (Pl. XXXIV.)

Le chef ira reprendre la lance, la portera près du boudin, à deux pas de la tête du patin, enlèvera les tamis et les leviers, en prenant ces derniers par le gros bout , et les placera près de la lance, dans une direction perpendiculaire à celle du balancier.

Le premier et le deuxième servants prendront chacun une demi-garniture, la saisiront à 2 mètres (6 pieds) environ de la boîte, l'enlèveront de toute la hauteur des bras, en tenant le boyau entre les deux mains ; ils marcheront ensuite vers le côté de la grande longueur en tenant toujours les bras élevés, et faisant passer de main en main le boyau jusqu'à l'extrémité ; par ce moyen, toute l'eau contenue dans les demi-garnitures s'écoulera. Chaque servant ploiera ensuite sa demi-garniture en deux, en rapprochant les deux raccordements l'un de l'autre, et les traînera à quelques décimètres de la sortie de la pompe. Le chef et les deux servants se placeront ensuite à l'avant et sur les deux flancs de la pompe, lui faisant face.

Abattez sur l'arrière ! (Pl. XXXV et XXXVI.)

A ce commandement, le chef se baissera, les deux pieds réunis et les genoux ployés, faisant face à la pompe ; saisira la chaîne à deux mains, le plus près possible du patin ; le premier servant fera un à-gauche, le deuxième un à-droite, ils se porteront à hauteur des poignées de l'avant, se baisseront ensemble les deux pieds joints, les genoux ployés; le premier saisira la poignée de la main droite, le deuxième de la main gauche, le dos de la main vers la bâche.

Le chef et les deux servants se relèveront doucement, et porteront l'avant du patin à hauteur de ceinture ; dans cette position, le premier et le deuxième servants feront l'un un à-droite, l'autre un à-gauche, changeront de main à la poignée, et porteront celle qui la tenait sur le cordon de la bâche à l'arrière; se fendront; le premier du pied droit; le deuxième du pied gauche, à 48 centimètres (18 pouces), la pointe du pied en dehors, pour être bien affermis et soutenir facilement la pompe; dans cette position, ils continueront à soulever la pompe, et le chef les aidera en plaçant la chaîne sur le patin avec la main droite, et soulevant ensuite le patin avec les deux mains, les paumes en dessous. Lorsque la pompe sera en équilibre, maintenue par les deux servants, le chef abandonnera le patin, passera sur l'arrière, faisant face à la pompe, saisira le T supérieur du balancier, et tous trois ensemble renverseront la pompe en arrière, jusqu'à ce que le T du balancier, qui est en dessous, repose à terre, et que l'eau qui est dans la bâche puisse s'écouler entièrement.

Lavez ! (Pl. XXXVII.)

Comme il pourrait y avoir des ordures dans la bâche, le chef quittera le balancier, après s'être assuré que les deux servants maintiennent la pompe en équilibre, prendra quelques seaux d'eau, les jetera dans la bâche pour la nettoyer, laissera de nouveau écouler cette eau, et retirera ce qui ne pourrait être entraîné.

Mettez à terre! (Pl. XXXV.)

La pompe étant nettoyée, le chef repassera de l'arrière à l'avant, posera les paumes des deux mains sous le patin, pour maintenir la pompe; les deux servants abandonneront l'arrière de la bâche, feront le premier un à-gauche, le deuxième un à-droite, saisiront les poignées, le premier avec la main droite, le second avec la main gauche; lorsque la pompe sera un peu abaissée, le chef saisira la chaîne de l'avant à deux mains, le plus près possible du patin, et tous les trois, ayant les pieds réunis, se baisseront tout doucement, en ployant les genoux, jusqu'à ce que le patin pose à terre, ce qui devra avoir lieu sans à-coup. Cette manœuvre doit être faite avec précaution, pour qu'il n'arrive pas d'accident; le chef fera mettre ensuite de l'eau propre dans la bâche, et tous trois reprendront leurs positions.

Videz la pompe ! (Pl. XXXVIII.)

A ce commandement, le chef passera de l'avant à la sortie, faisant face à la pompe; le premier servant fera un à-droite et se portera au T du balancier de l'arrière; le deuxième fera aussi un à-droite, et se portera au T du balancier de l'avant; ils prendront le T à deux mains, manœuvreront la pompe jusqu'à ce que toute l'eau qui est dans la bâche, au-dessus des culasses, dans les corps de pompe et dans le récipient, soit sortie; alors, pour faire évacuer celle qui reste entre la plate-forme et le fond de la bâche, le chef prendra le balancier près de l'arbre, une main de chaque côté, les ongles et la paume de la main en dessus, et, aidé des deux servants, il inclinera doucement la pompe du côté de la sortie, jusqu'à ce que toute l'eau se soit écoulée; ils redresseront ensuite la pompe sur son patin sans changer les mains de place.

Nota. On voit que, dans cette manœuvre, tous les hommes font un à-droite.

Il faut avoir soin, en inclinant la pompe, de ne pas la faire reposer sur la pièce à deux vis. En tout temps, et surtout lorsqu'il fait froid, il faut bien vider la pompe, sans quoi le cuivre s'oxyderait, et l'eau qui resterait dans les cylindees ou le récipient, venant à s'y geler, pourrait occasioner des accidents.

Remontez ! (Pl. XXXIX et XL.)

A ce commandement, le chef dévissera la pièce à deux vis, la passera au premier servant, qui, de son côté, aura pris le boudin et l'aura donné au chef ; pendant que le premier servant placera la pièce à deux vis sur le patin, en tournant de gauche à droite, le chef montera le boudin sur la sortie, et le deuxième servant prendra les tamis, les mettra sur le balancier, et attachera le T de l'arrière du balancier avec les courroies, dans une position horizontale. Le chef ayant vissé le boudin sur la sortie, le premier servant fera un à-droite, appuiera sa jambe gauche contre la bâche, se baissera, et prendra la vis de l'extrémité du boudin de la main droite, de manière que le boudin soit horizontal ; le chef lâchera le boudin, saisira la boîte d'une des demi-garnitures qui sont derrière lui, se placera à cheval sur la demi-garniture, tiendra la boîte à deux mains, faisant face au boudin, la main gauche derrière la main droite, et réunira la demi-garniture au boudin, en tournant la boîte avec la main droite, de gauche à droite.

Armez la pompe ! (Pl. XL.)

A ce commandement, le chef qui est du côté de la sortie fera passer le boyau sous la branche gauche du T de l'avant du balancier, et reviendra en dessus pour l'étendre jusqu'au T de l'arrière, en passant par-dessus ; le second servant le pliera en dessus, pour aller gagner le dessus de la branche droite du T de l'avant ; il reviendra en dessous pour le passer en croix sur le balancier. Alors le premier servant s'en emparera, formera un premier pli dans le fond de la bâche, du côté de la sortie ; il passera ensuite le boyau au deuxième servant, pour former un pli pareil de son côté. Le premier et le deuxième servants continueront ainsi en enfonçant avec soin les plis dans le fond de la bâche, ayant soin, chacun à leur tour, de poser les mains sur les boyaux lorsque l'un d'eux formera les plis, afin de maintenir les tamis dans leur position. Lorsqu'il ne restera plus qu'un pli à faire à la première demi-garniture, le chef ira chercher la boîte de la deuxième demi-garniture, la placera sur la vis de l'extrémité de la première, et les deux servants continueront à la ployer comme la première. Le chef, pendant ce temps, approchera les boyaux ; arrivé au dernier pli, il prendra la lance, et, aidé du servant qui tient la vis, il montera dessus la boîte de la lance, qu'il tiendra de la main droite près de la boîte, et la main gauche vers le milieu de la longueur ; se placera à l'arrière du côté de la sortie, près du patin, présentant le flanc gauche à la pompe, afin de ne pas empêcher les servants de placer les leviers.

Amarrez!

A ce commandement, les deux servants iront prendre les leviers, les saisiront par le petit bout, se porteront à l'arrière, faisant face à l'avant, le premier servant à gauche, le deuxième à droite ; ils introduiront les leviers entre l'entablement et les plis des boyaux, les faisant reposer sur la bâche par le gros bout, pour que le bourrelet ne les arrête pas ; le premier servant restera à l'arrière, le deuxième passera à l'avant, et tous deux, saisissant les bouts des leviers avec les deux mains, les assujétiront et les égaliseront. Le chef posera alors la lance entre les derniers plis des boyaux, sur les leviers, en la présentant par l'orifice, et formera le dernier pli ; on placera sur les demi-garnitures le sac de sauvetage, le cadre en dessous. Les deux servants, l'un à l'avant, l'autre à l'arrière, saisiront les courroies, feront faire à chacune d'elles un tour de dedans en dehors, en réunissant le boyau et la lance avec les leviers, et boucleront en dessus.

Le chef ira, pendant ce temps, chercher sur le charriot le cordage et la hache ; il placera le premier en écheveau dans la bâche du côté de la sortie, et laissera la hache près de la pompe, du côté droit.

Le premier servant prendra l'échelle à crochets, et la placera aussi derrière la pompe, en travers.

Après quoi, ils reprendront tous trois leurs positions

MANIÈRE DE PLOYER EN ÉCHEVEAUX.

Nous avons dit qu'en revenant du feu, on ne pouvait ployer les boyaux en travers sur la bâche : on les ploiera en écheveaux, en suivant les principes ci-après :

Le deuxième servant placera les tamis : le premier se portera à l'arrière, et le second à l'avant ; ils formeront des plis croisés passant dessous et dessus les T du balancier, en commençant par la branche gauche du T de l'avant. Le chef étendra les boyaux alternativement de l'avant à l'arrière ; lorsque la première demi-garniture sera placée, le chef, aidé du servant qui se trouvera du côté de la vis, y montera la deuxième demi-garniture ; et, lorsque celle-ci sera ployée, on montera la lance.

On placera les leviers, la lance, le sac, et l'on amarrera de la même manière que précédemment.

Cette manœuvre pouvant se faire à loisir, puisque c'est après l'extinction du feu qu'elle a lieu, et qu'il s'agit seulement de remettre les agrès en ordre ; que d'ailleurs ils sont salis, mouillés et difficiles à manier, on ne la fera jamais d'une manière précipitée.

SIXIÈME LEÇON.

CHARGEMENT EN NEUF TEMPS.

Lorsque tous les agrès sont reployés et que la pompe est armée, il faut la reconduire au poste auquel elle appartient ou à la caserne, et pour cela la placer sur son charriot.

Les principes nécessaires pour faire cette manœuvre de force, facilement, promptement et sans danger pour les hommes, formeront l'objet de la sixième Leçon.

L'instructeur, voulant faire charger la pompe sur le charriot, commandera :

Chargement en neuf temps.
Chargez!

A ce commandement, le chef se baissera, les deux pieds réunis et les genoux ployés, faisant face à la pompe, saisira la chaîne à deux mains, le plus près possible du patin ; le premier servant fera un à-gauche, le second un à-droite ; ils se porteront à hauteur des poignées de l'avant, se baisseront ensemble, les deux pieds joints, les genoux ployés ; le premier saisira la poignée de la main droite, le second de la main gauche, le dos de la main vers la bâche.

Au levage! (Pl. XLI.)

A ce commandement, le chef et les deux servants se relèveront doucement et porteront l'avant du patin à hauteur de ceinture ; dans cette position, le premier et le deuxième servants feront l'un un à-droite, l'autre un à-gauche, changeront de main à la poignée, et porteront celle qui la tenait sur le cordon de la bâche à l'arrière ; le premier placera le pied droit à 48 centimètres (18 pouces) en arrière, la pointe du pied gauche en dehors ; le deuxième fera comme le premier, mais dans un sens inverse, pour être bien affermis et soutenir facilement la pompe ; dans cette position, ils continueront à soulever la pompe, et le chef les aidera en plaçant la chaîne sur le patin avec la main droite et soulevant ensuite ce patin avec les deux mains, les paumes en dessous, jusqu'à ce qu'elle soit à 70 degrés environ.

Amenez le charriot! (Pl. XLII.)

Le chef, après s'être assuré que les deux servants se sont mis en équilibre avec le poids de la pompe, abandonnera le patin, courra au charriot, saisira la traverse, une main de chaque côté de la traverse, les ongles en dessous, faisant face au tablier, fera au levage, et conduira le charriot par la marche en arrière, de manière à venir placer le tablier sous le patin de la pompe. Aussitôt qu'il le verra engagé, il avancera l'épaule droite sous le heurtoir, placera la main droite sur le talon et la main gauche sur la naissance ; appuiera le pied droit contre l'essieu, et faisant effort, fera avancer le charriot autant que possible sous le patin.

Posez la pompe! (Pl. XLIII.)

Les deux servants poseront doucement la pompe sur le charriot, abandonneront les poignées sans quitter la bâche, et saisiront immédiatement avec la main qui était à la poignée, le rais supérieur de la roue, pour empêcher le charriot d'avancer, au moment où la pompe posera sur lui.

Saisissez les poignées de l'arrière! (Pl. XLIV.)

La pompe posée sur le charriot, le chef résistera fortement avec l'épaule, le premier servant se portera en avant, décrochera la chaîne de l'avant, la passera de la main droite au chef, qui la fixera au crochet de la flèche; et lui fera faire un tour sur cette flèche; les deux servants abandonneront ensuite les rais, reculeront, et saisiront les poignées de l'arrière, le premier avec la main droite, le second avec la main gauche, le dos de la main vers la pompe, les talons réunis et les genoux ployés.

A la flèche ! (Pl. XLIV.)

À ce commandement, le chef quittera le heurtoir, se portera à la tête de la flèche, s'élevera sur la pointe des pieds en élevant les bras autant que possible, saisira la traverse des deux mains, l'une à droite, l'autre à gauche de la tête de la flèche, les ongles en dessous et les mains touchant la tête de la flèche.

Abattez la flèche! (Pl. XLIV.)

À ce commandement, le chef s'enlevera de terre en faisant effort sur la jambe gauche et sur la traverse, posera le pied droit sur l'avant du charriot, quittera la terre du pied gauche, fera effort de tout le poids de son corps à l'extrémité de la flèche; en même temps le premier et le second servants souleveront l'arrière de la pompe au moyen des poignées, et le chef ramènera la flèche dans la position horizontale; le premier et le second servants abandonneront les poignées, le premier se portera à l'avant entre la pompe et la traverse, et prendra de la main droite la chaîne de l'avant à 33 centimètres (1 pied) de la patte à crochet; le deuxième servant se portera à l'arrière, appuyant ses mains sur le patin.

Flèche à terre!

Le chef se baissera, posera tout doucement la tête de la flèche à terre, et mettra le milieu du pied gauche sur la tête de la flèche, le talon à terre, afin d'empêcher le charriot de revenir en avant; aussitôt, le premier servant, qui est placé entre la traverse et la pompe, tenant la chaîne de la main droite, tirera sur cette chaîne, le second servant poussera à l'arrière, et ils remettront ainsi la pompe dans la position qu'elle doit avoir sur le charriot.

Enchaînez! (Pl. XLV.)

À ce commandement, le premier servant prendra l'échelle qui a été déposée en arrière de la pompe, la saisira par les crochets en mettant les pointes en dessus, glissera le bout opposé sous le charriot, introduira les crochets entre le patin et le charriot, et ne quittera les crochets que lorsque le chef aura fini d'enchaîner.

Le chef s'approchera, posera le pied gauche sur la flèche, se baissera, prendra la chaîne de l'avant, la fixera au crochet placé sur la flèche, l'enroulera sur le boulon de l'échelle en faisant effort, afin que les crochets ne dérapent pas, et viendra l'accrocher, en la tendant, au crochet placé sur le côté gauche du heurtoir; pendant ce temps, le deuxième servant placera la hache, en mettant le manche entre le charriot et le patin, au côté droit de l'avant, et bouclera les courroies qui doivent la maintenir.

Les deux servants se porteront ensuite à l'arrière, le premier à gauche, le deuxième à droite; le deuxième enlèvera la barre d'arrêt de la main gauche, la passera au premier servant qui la recevra de la main droite, la fixera sur la patte à piton placée sur le flasque gauche, au moyen d'une clavette qu'il placera de la main gauche.

Les trois sapeurs reprendront ensuite la position indiquée lorsqu'ils sont à leurs postes, la pompe sur le charriot.

CHARGEMENT PRÉCIPITÉ.

Le chargement dans l'école d'instruction se fait en neuf temps; mais comme on peut avoir besoin de célérité pour retourner promptement à son poste, dans la crainte qu'un nouveau feu n'éclate, ce chargement s'exécutera aussi en trois temps.

L'instructeur voulant faire faire le chargement précipité, commandera :

Chargement précipité en trois temps.
Chargez !

À ce commandement, les hommes exécuteront le premier temps du chargement, feront au levage, et le chef conduira le charriot.

Au commandement de deux,

Les servants poseront la pompe, saisiront les poignées de l'arrière, et le chef saisira la flèche.

Au commandement de trois,

Le chef abattra la flèche; mettra flèche à terre, enchaînera; le deuxième servant placera la bâche sous le charriot, se portera à l'arrière sur le côté droit, et, aidés du premier servant, ils placeront la barre d'arrêt et la fixeront.

Cet exercice étant un manœuvre de force, doit être faite avec précision et attention, pour prévenir les accidents.

INSTRUCTION PARTICULIÈRE A DONNER AUX SAPEURS-POMPIERS RELATIVEMENT A LA CONSTRUCTION DES BATIMENTS.

Pour compléter l'instruction des sapeurs-pompiers, il est indispensable de leur donner quelques idées succinctes sur la construction des édifices, et de leur faire connaître quelles sont les parties desquelles dépend leur solidité, afin qu'ils aient soin de les conserver intactes, ou du moins de les préserver le plus possible jusqu'au dernier moment.

C'est dans ce but que nous avons dit plus haut que le corps des sapeurs-pompiers devait, autant que possible, se composer d'ouvriers en bâtiments qui ont déjà une partie de ces connaissances.

Des Linteaux en palâtre et des voûtes.

Il faut mouiller continuellement les linteaux des croisées, car si les palâtres venaient à être découverts par l'effet de la grande chaleur sur les plâtres, et qu'ils fussent consumés, la partie de la maçonnerie qu'ils supportent s'écroulerait et causerait un grand ébranlement dans l'édifice, puisque les parties latérales ne seraient plus soutenues; de plus, en tombant, cette masse de maçonnerie causerait de grands accidents.

Il en est de même pour les linteaux des portes,

Si ces ouvertures sont voûtées, et que les flammes aient for‑
tement échauffé les voussoirs, il faut, au contraire, éviter de
les mouiller, dans la crainte de les faire éclater et de déter‑
miner la chute de la voûte qui supporte tout le dessus.

Il en est de même pour les voûtes des caves lorsque le feu
prend aux matières réunies dans ces lieux; l'écroulement de
la voûte ébranlerait tout l'édifice.

Des Parquets.

Lorsque le feu est dans un étage et que les parquets sont
embrasés, il faut avoir soin de découvrir les poutres afin d'em‑
pêcher que le feu ne les attaque, sans quoi le plancher pour‑
rait s'écrouler; dans sa chute, il ébranlerait le bâtiment, en‑
foncerait les étages inférieurs, les encombrerait, empêcherait
l'emploi des secours, et y porterait le feu, s'il n'y était déjà.

Si un plancher est embrasé, il faut porter toute son atten‑
tion à défendre les pièces principales, qui supportent le sys‑
tème, afin d'éviter que le plancher ne tombe en masse, si,
malgré tous les efforts, on n'a pu le conserver.

Des Combles.

Dans les combles, il est des pièces de charpente qui suppor‑
tent toutes les autres ou qui les retiennent ensemble et main‑
tiennent tout le système. Il faut donc porter ses soins à con‑
server ces pièces le plus longtemps possible, afin d'éviter que
la charpente ne s'écroule, parce que non-seulement elle en‑
foncerait par sa chute les étages inférieurs et y porterait le
feu, mais aussi parce que, suivant la nature de la construc‑
tion, ces pièces de bois pourraient entraîner une partie des
murs supérieurs. Il faut donc que les sapeurs connaissent les
propriétés de toutes ces pièces. D'ailleurs, les combles étant
ordinairement habités par les domestiques, par des malheureux
ou par des ouvriers qui travaillent à la lumière, ce genre de
feu est très-fréquent. A Paris, les blanchissages des étoffes,

des objets en tissu de paille, etc...; qui s'opèrent à la vapeur du soufre, se font dans les combles, attendu que ce genre d'industrie ne peut s'exrcer dans les étages inférieurs, parce que les vapeurs sulfureuses incommoderaient la population, et que l'autorité s'y opposerait.

Il faut aussi conserver le plus longtemps possible les chenaux en plomb, attendu qu'en cas de nécessité ils peuvent servir de communication pour porter des secours, et sont souvent un chemin de retraite pour les sapeurs-pompiers.

Les pièces à conserver dans une charpente sont :

1° Le poinçon qui supporte les arbalétriers;

2° Les arbalétriers et les arétiers dans les croupes, qui supportent les pannes et par suite les chevrons et le reste de la toiture;

3° Les entraits qui empêchent l'écartement des arbalétriers.

Ces pièces, en tombant, non-seulement entraîneraient la toiture, mais enlèveraient aussi la corniche et les chenaux, qui, comme nous l'avons dit plus haut, sont extrêmement nécessaires.

Des Hangars.

Dans les hangars, les charpentes sont, le plus souvent, assemblées sur des montants qui servent de piles et qui vont du bas au haut de l'établissement; sur ces pièces reposent les sablières, les entraits, les fermes; elles supportent donc tout le système. Ce sont, par conséquent, ces parties qu'il faut conserver avec plus de soin, et les fermes après.

Des Escaliers.

Dans les escaliers en bois, soit qu'ils soient isolés ou enfermés dans une cage, ce sont les assemblages du limon dont il faut s'occuper spécialement; après avoir noirci le tout; car, si les tenons venaient à brûler, les pièces se disjoindraient, l'es-

calier s'écroulerait, et toute communication avec les étages supérieurs deviendrait fort difficile.

Des Planchers contigus aux murs mitoyens.

Dans les planchers contigus aux murs mitoyens, il arrive
souvent que les poutres des étages qui sont à la même hauteur se trouvent bout à bout sur ces murs; dans ce cas, il
faut empêcher que ces poutres ne s'enflamment aux extrémités,
dans la crainte qu'elles ne communiquent le feu à la maison
voisine.

Des Calorifères.

Les calorifères, passant sous des parquets, reposent entre
deux longerons; la grande chaleur dessèche ces pièces de bois,
et si, par un motif quelconque, le tube vient à être percé, ce
qui arrive souvent, les pièces de bois se charbonnent, et lorsque, par la trop grande chaleur ou par une cause quelconque,
le parquet vient à se disjoindre, le courant d'air qui s'introduit sous le parquet peut déterminer le feu, et alors il éclate
avec violence, parce que les pièces de bois sont très-sèches;
dans ce cas, il faut découvrir le parquet au-dessus du tuyau et
le suivre dans toute sa longueur, afin d'examiner les longerons
qui sont de droite et de gauche.

Des Cheminées.

Les cheminées dont les âtres ne sont pas sur une trémie en
fer, peuvent, par la grande chaleur du foyer, faire crevasser
l'âtre et déterminer le feu dans les pièces de bois qu'ils sur-
portent.

Les planchers mal construits, et dont les longerons passent
trop près des tuyaux de cheminées, peuvent occasioner le
feu par suite des crevasses qui se déterminent dans les lan-
guettes, et des dépôts de suie qui s'y forment.

Des Pans de Bois.

Lorsque le feu prend dans un bâtiment, et que quelques-unes de ses parties sont en pans de bois recouverts en plâtre, il faut arroser continuellement les plâtres, afin de les empêcher de se détacher, sans quoi les bois seraient mis à nu et s'enflammeraient; et, comme il se trouve dans ces constructions beaucoup de vides; que, de plus, les plâtres sont retenus par un lattis qui prend feu avec une grande facilité, non-seulement on aurait beaucoup de peine à l'éteindre, mais encore il pourrait se communiquer facilement dans le bâtiment contigu.

Les pans de bois peuvent être disposés de deux manières : les uns sont assis sur un dé en maçonnerie dépassant la fondation de 33 centimètres ou de 1 mètre (1 ou 3 pieds), pour préserver la sablière de l'humidité;

Les autres sont assis sur un mur qui s'élève jusqu'au premier étage ou au-dessus.

Dans le premier cas, on conserve le pan de bois comme un mur ordinaire, c'est-à-dire qu'on préserve le plus possible les plâtres contre l'action du feu, dont l'intensité les ferait éclater, ce qui mettrait les matériaux à nu et par suite enflammerait les uns et ferait éclater les autres.

Avec ces précautions, un pan de bois recouvert d'un enduit de plâtre bien fait, de 27 millimètres (1 pouce) d'épaisseur, présente autant de sûreté qu'un mur.

Si un pan de bois, dans ces conditions et dans un incendie, menace ruine, on déterminera sa chute du côté du foyer au moyen d'arcs-boutants, ou par un tirage fait par la partie supérieure, comme pour un mur ordinaire.

Dans le cas où le pan de bois est établi sur un mur élevé, il peut arriver que la sablière, qui se trouve au niveau des planchers, et sur laquelle se trouvent fixés les montants, soit attaquée par le feu, et que les planchers s'écroulent; dans ces

deux hypothèses, le pan de bois ne présente plus la même solidité et menace ruine.

Dans ce cas, comme dans le premier, on préservera le pan
de bois de l'action de feu, comme nous l'avons dit ci-dessus.
Mais s'il menace de tomber, ce peut être ou du côté du foyer
ou du côté de la rue.

Si le pan de bois menace de tomber dans le foyer, il ne faut
pas s'y opposer; au contraire, il faut l'y déterminer en faisant
un tirage par le haut; c'est ce qui peut arriver de plus heureux, puisqu'on ne fait qu'alimenter le foyer sans propager
l'incendie aux environs; que la rue n'est pas encombrée, et
qu'il ne peut arriver d'accidents.

Si on craint la chute du côté de la rue et par le haut du pan
de bois, il faut s'y opposer de tous ses moyens, parce que, s'il
est plus haut que la rue n'est large, il est évident que dans sa
chute il mettra le feu aux maisons qui sont en face, puisqu'il
brisera les croisées et jetera des brandons dans tous les appartements, s'il n'ébranle pas même la maison, et que l'on n'o-
sera plus passer dans la rue à cause du danger qu'on courrait,
ce qui paralyserait les moyens de secours.

Dans ce cas, il faut forcer le mur à converser sur la sablière
et à venir se coucher dans la rue par son pied, le haut tombant dans le foyer.

Pour obtenir ce résultat, il faut se placer dans les maisons
qui font face à l'intérieur du pan de bois; faire mouiller fortement le mur aux points sur lesquels repose la sablière, et
puis laisser reprendre le feu en faisant cesser la manœuvre;
le passage subit du moellon de l'humidité à une forte chaleur,
le fera éclater; il faudra recommencer plusieurs fois cette manœuvre; en peu de temps, la partie du mur qui supporte immédiatement la sablière se détruira du côté de l'intérieur; la
sablière n'étant plus supportée de ce côté, s'inclinera vers
l'intérieur, et le poids du pan de bois le forcera lui-même à
s'incliner du côté du foyer, en sorte que lorsqu'il s'écroulera;

son pied tombera dans la rue et la partie du haut dans le foyer. De cette manière, on parera à l'inconvénient dont nous avons parlé ci-dessus, relativement aux maisons qui sont en face, et les matériaux qui encombreront la rue pourront être promptement enlevés sans danger, afin de rendre la circulation aux pompiers.

Avant de faire cette opération, il faut avoir soin de faire évacuer les boutiques du rez-de-chaussée, car il est évident que les pièces de bois, en tombant et glissant par leur pied, briseront les devantures, ce qui occasionerait de graves accidents, si on persistait à y rester.

Un exemple frappant de l'efficacité de ce procédé a été obtenu au feu du théâtre du Vaudeville, où le pan de bois qui formait la façade de cet édifice du côté de la rue de Chartres, a été obligé, par cette manœuvre, de couler sur la sablière sans qu'il en soit résulté aucun inconvénient, tandis que si le pan de bois se fût renversé par le haut du côté de la rue, il aurait envahi deux étages des maisons qui se trouvaient en face; il en fût résulté de grands dommages, et tout le quartier eût été en émoi.

Nota. On a pu remarquer, à l'attaque de l'incendie de ce théâtre, aussi bien qu'à celui de la Gaîté (ils étaient entourés de maisons), que le moyen indiqué dans le cours de cet ouvrage, pour l'extinction de l'incendie, et qui consiste à circonscrire le foyer, pour refouler le feu sur lui-même, est infaillible, puisque, malgré les dangers imminents que couraient les bâtiments environnants, ils n'ont éprouvé aucun dégât.

FONCTIONS DE L'OFFICIER DE SEMAINE.

Les officiers, dans chaque compagnie, alternent pour le service de semaine. Il commence le dimanche à l'inspection et finit le dimanche suivant.

L'officier de semaine est chargé de tous les détails du service.

Le rassemblement de la garde et des détachements, la réunion des classes d'instruction et de théorie, la surveillance de la garde, la propreté et la police du quartier, concernent l'officier de semaine. Il doit assurer l'accomplissement des devoirs des sergents, des caporaux de semaine et du caporal de garde; surveiller la tenue des chambrées et l'arrangement des effets; se faire rendre compte par les sergents-majors et les sergents de semaine, des permissions, punitions, distributions, entrées et sorties des hôpitaux, et veiller à ce que les punitions soient infligées avec justice et en se conformant au tarif des punitions.

En prenant le service, il reçoit de celui qu'il relève, la note des ordres et consignes dont l'exécution a besoin d'être particulièrement surveillée, et l'état du matériel; il reçoit du sergent-major, 1° l'état indiquant les noms des sergents et caporaux de semaine; 2° l'état des postes et théâtres fournis par la compagnie, avec l'indication du nombre d'hommes pour chaque service; 3° les noms des hommes en punition, privés de service salarié ou de permissions.

Ces trois états sont visés par le capitaine.

Surveillance de la Cuisine.

Il exerce une surveillance active sur le service de la cuisine; il assistera à la réception des denrées principales.

Malades à la chambre.

En cas d'urgence, il fait avertir l'un des chirurgiens. Il l'accompagne dans la visite des malades de la compagnie. Il fait également prévenir l'un des chirurgiens dès qu'un homme rentre de congé, de permission ou d'un hôpital externe, afin qu'il visite cet homme immédiatement.

Visites au quartier par le commandant du corps.

L'officier de semaine accompagne seul le commandant du

corps, lorsqu'il se trouve au quartier, à moins que cet officier supérieur ne demande un autre officier.

Surveillance des salle de police, prison et cachot.

Il visite les salle de police, prison et cachot de la caserne; il veille à ce que les détenus soient exercés aux classes d'instruction, lorsqu'ils doivent l'être; qu'ils fassent les corvées du quartier, qu'ils reçoivent les subsistances qui leur sont dues; il entend les réclamations et les fait parvenir à qui de droit, s'il y a lieu.

Il s'assure que les prisonniers sont rasés au moins une fois par semaine; que ceux qui doivent aller à la prison militaire sont rasés avant d'y entrer.

Il fait informer le sergent-major de leur sortie pour cause de santé ou par ordre spécial du commandant.

Il veille à ce que les détenus sortent des cachot, prison, salle de police, à celui des appels du matin ou du soir qui suit l'heure à laquelle la punition doit être terminée.

Il est dépositaire des clefs des cachot et prison, qu'il garde ou confie au sergent de semaine pour la corvée de propreté et pour les repas.

Distributions.

L'officier de semaine assiste à toutes les distributions qui ont lieu dans l'intérieur de la caserne, pour s'assurer qu'elles sont faites avec justice; il s'assure de la bonne qualité du pain de la troupe.

Il veille à ce que, pendant les distributions, il ne se fasse aucun rachat.

Rassemblements des détachements, prise d'armes d'une partie ou de la totalité de la compagnie.

L'officier de semaine est présent aux rassemblements de tous les détachements.

Lorsque la compagnie prend les armes, il préside à sa formation et en passe l'inspection. A l'arrivée du capitaine, il lui rend compte du nombre d'hommes présents.

Détails de propreté et de service du samedi.

Le samedi, il s'assure que les couvertures des chambrées et les matelas du corps-de-garde sont battus, et que les chambres, les corridors et les escaliers sont nettoyés à fond ; il fait sortir le matériel des remises pour le visiter et le fait replacer après que la remise a été nettoyée.

Le premier samedi de chaque mois, il fait faire la lecture du Code pénal, ainsi que des articles du présent règlement sur les devoirs des caporaux de chambrées, des marques extérieures de respect, etc., dont l'extrait doit être affiché dans les chambrées ; il fait aussi nettoyer les vitres de la caserne.

SERVICE JOURNALIER.

Réveil.

Au réveil, l'officier de semaine se met en uniforme, capote, épaulettes, bonnet de police et épée ; il se rend au bureau de la compagnie et envoie le sergent-major au corps-de-garde pour recevoir les rapports des sous-officiers de service la veille dans les théâtres, le cahier des demandes des permissions, les permissions des hommes rentrés à onze heures ou à l'appel du matin. Le caporal de garde lui rend compte des heures auxquelles sont rentrés les divers détachements et les hommes qui avaient manqué à l'appel du soir.

Il fait faire l'appel de la garde de police et reçoit du sergent de semaine le résultat de l'appel du matin et de ceux qui ont pu être faits pendant la nuit, ainsi que le rapport de ce qui a pu arriver de nouveau depuis l'appel du soir.

Examen de demandes de permissions.

Il accorde les permissions, en se conformant aux restrictions suivantes :

Il ne peut être accordé plus de six permissions d'appel de

dix heures et demie ; les hommes qui en obtiennent répondent à l'appel des permissions, qui est fait au réfectoire ;

Cinq permissions de remplacement de garde ;

Six permissions d'appel du soir ;

Six permissions de découcher.

Il ne peut être accordé de permissions que par le capitaine, à ceux qui doivent en être privés, et seulement en cas d'urgence. Le capitaine rend compte des motifs au rapport.

A moins de circonstances qui nécessitent l'absence d'un homme, il ne lui sera accordé de permission de remplacement de garde et de représentation, que s'il est de bonne conduite habituelle, et ces permissions ne sont pas accordées plus d'une fois par semaine.

Pour les permissions de découcher et de ne rentrer au quartier qu'à onze heures du soir, il est tenu, par le sergent-major, un registre d'inscription de ces permissions, qui est consulté par les officiers de semaine, pour déterminer, d'après l'ancienneté de date, le droit des hommes aux permissions.

Il ne peut être accordé plus de trois permissions de découcher, et de trois permissions de onze heures à chaque homme par mois, y compris les permissions d'un, deux ou trois jours.

Les officiers de semaine peuvent, en outre, accorder une ou deux permissions lorsqu'il y a urgence ; ils en rendent compte au rapport journalier. Ils ne font usage de cette faculté qu'avec grande réserve et en connaissance de cause, après, toutefois, avoir consulté le capitaine lorsque celui-ci est présent.

Rapport journalier.

L'officier de semaine fait faire, par le sergent-major, le rapport journalier et le signe.

Si le capitaine est présent au bureau, l'officier de semaine lui soumet le rapport pour recevoir son visa, ses observations et propositions ; il lui soumet aussi la demande des permissions de un, deux ou plusieurs jours, qui ne peuvent être accordées que par le capitaine, et qui ont été préparées par le sergent-major.

Il prend les ordres du capitaine sur les détails de l'instruction.

Si le capitaine n'est pas descendu au bureau, le sergent-major lui monte le rapport.

Corvées de quartier.

Avant l'heure fixée pour les exercices, théorie, etc., il s'assure que le sergent et le caporal de semaine font faire avec soin la corvée du quartier.

INSTRUCTIONS DIVERSES.

Aux heures indiquées par le tableau de l'instruction journalière, il fait faire, par le sergent de semaine, l'appel des hommes qui doivent y assister.

Les diverses instructions ont lieu en se conformant au tableau arrêté par le commandant du corps. (Les hommes punis doivent y assister.)

Soupe.

Au roulement de la soupe, il se rend au réfectoire pour veiller à l'ordre pendant le repas et recevoir les réclamations que les hommes auraient à faire tant sur l'ordinaire que sur le service dont il fait l'appel en sa présence.

Retour du rapport.

L'officier de semaine ouvre le porte-feuille pour prendre connaissance des ordres, et le remet ensuite soit à l'aide-fourrier (le matin), soit au sergent de semaine (le soir), pour qu'ils le portent chez le capitaine et chez les autres officiers de la compagnie.

Garde montante.

A l'heure fixée pour le rappel de la garde, l'officier de se-

maine descend en tenue; il s'assure près du sergent de semaine que les gamelles ont été exactement placées dans le casier, après quoi ce dernier réunit les hommes de service.

Les hommes sont formés sur deux rangs par les soins du
sergent-major, la garde armée à la droite, les théâtres et les
petits postes classés de manière à former plusieurs détachements commandés chacun par le plus ancien caporal, et à
parcourir ensemble et en ordre le plus de chemin possible en
se rendant aux postes.

Les hommes de repos sont placés à la gauche, en capote,
bonnet de police et épaulettes dans la semaine, et en tenue
les dimanches et fêtes lorsqu'il n'y a pas d'inspection.

L'appel étant fait et les postes formés, l'officier de semaine
fait ouvrir les rangs, passe l'inspection de la compagnie et
particulièrement des hommes de service; il passe quelquefois
l'inspection des ligatures, des mentonnières de casque, des
ceintures, bonnets de police, et enfin de la composition du
porte-manteau et des fusils de la garde armée.

(*Les dimanches où il y a inspection, les hommes de repos res-
teront sous les armes, lorsque l'inspection sera terminée jusqu'à
ce que la garde ait défilé.*)

L'officier de semaine fait, s'il y a lieu, donner lecture de
l'ordre à la compagnie formée en cercle; il ajoute les expli-
cations qu'il juge nécessaires, pour que l'ordre soit bien compris.

Après avoir fait défiler la garde et rompre les rangs aux
hommes de repos, l'officier de semaine rassemble tous les sous-
officiers au cercle. Le sergent-major leur fait connaître le service que chacun a à faire le soir, et en remet la liste à l'officier de semaine, qui leur adresse toutes les recommandations
et instructions qu'il juge propres à assurer l'exécution des détails dont ils sont chargés. Aucun changement dans le service
des sous-officiers n'aura lieu sans l'approbation de l'officier de
semaine.

Visite des chambrées.

L'officier de semaine se rend ensuite dans les chambrées avec le sergent-major, le sergent et le caporal de semaine. Les autres sergents se rendent dans leur subdivision.

L'officier de semaine s'assure que les chambrées sont tenues avec propreté et que les effets sont placés selon l'ordre prescrit.

Commandement du service.

Avant la rentrée de la garde descendante, le sergent-major prescrit la liste de service du soir et de la garde du lendemain à l'officier de semaine, qui s'assure que les grand'gardes, gardes armées, gardes, représentations et corvées sont commandées à qui de droit.

Soupe de la garde descendante.

Au roulement pour la soupe de la garde descendante, il se rend au réfectoire pour faire lire en sa présence, par le sergent de semaine, la liste de service; il fixe les heures de départ des divers détachements pour une heure avant l'ouverture des bureaux des théâtres.

Rapport de la garde descendante.

Il vise, au bureau de la compagnie, la feuille de rapport des caporaux de garde descendante et l'envoie de suite au bureau des adjudants. Il vise les rapports d'incendie et envoie un sous-officier prendre des renseignements sur la conduite des sapeurs qui ont participé à l'extinction des feux pour lesquels il n'a pas été mis de pompe en manœuvre.

Permissions accordées.

Il reçoit les réclamations et prononce sur les permissions qui lui sont demandées.

A moins de circonstances extraordinaires, il n'est plus accordé de permission après deux heures.

Il fait connaître au sergent-major, par le sergent de semaine, les permissions qu'il a accordées, afin que la situation
d'appel du soir puisse être immédiatement établie.

Exercices des deuxième et troisième classes.

À l'heure fixée pour les exercices des hommes des deuxième
et troisième classes, il en fait faire l'appel devant lui. Il s'assure que les hommes à la salle de police et les consignés sont
exercés à ces classes.

Il assiste à cet exercice.

Appel des consignés.

Dans la journée, il fait battre aux consignés et en fait faire
l'appel ainsi que des hommes de piquet, autant de fois qu'il
le jugera convenable.

Corvées de souper.

A deux heures, il surveille le départ des hommes de corvée
de souper. Il s'assure que les hommes reçoivent les vivres qui
leur sont dus.

Souper.

Pendant le souper, il descend au réfectoire pour veiller à
l'ordre et recevoir les réclamations que l'on aurait à faire sur
l'ordinaire de la compagnie.

Il veille à ce que le caporal de semaine fasse enlever le
souper des hommes qui ne se rendent pas au réfectoire, et
qu'il soit monté dans les chambrées.

Détachements pour les spectacles.

Il s'assure que le sergent de semaine réunit, aux heures
qu'il a fixées, les divers détachements pour les spectacles, et
qu'il a inspecté ceux commandés par des caporaux. Il est
présent au départ des détachements commandés par un sous-
officier, en fait passer ou en passe l'inspection.

Appel du soir.

L'officier de semaine fait faire l'appel du soir dans les chambrées ; en sa présence, par le sergent de semaine.

Cet appel terminé, il descend au corps-de-garde pour voir les hommes qui sont arrivés pendant l'appel ; il les fait rentrer, fait mettre sur la situation les noms des manquants, vérifie cette situation, remet au caporal de garde le mot de ralliement et lui rappelle ses devoirs en cas d'avertissement de feu.

Une heure après l'appel, il fait faire une ronde dans les chambrées par le sergent et le caporal de semaine, pour s'assurer que tous les hommes sont couchés et veiller au maintien de l'ordre.

Il ordonne quelquefois des contre-appels à des heures différentes, après la rentrée des détachements.

Cas d'absence.

Les fonctions de l'officier de semaine exigent qu'il ne s'absente du quartier que le moins possible ; il doit, lorsqu'il est forcé de s'en éloigner momentanément, s'assurer qu'un autre officier ou le sergent-major consent à y rester pour répondre et donner suite à tous ses ordres.

Lorsque l'officier de semaine est appelé par le commandant du corps ou se transporte à un incendie, il remet son service au sergent-major ou au sergent de semaine, s'il n'y a pas d'officier présent.

Rapport d'urgence.

Dans un cas extraordinaire, il va sur-le-champ faire son rapport au capitaine, et, en son absence, au colonel ; s'il ne peut y aller lui-même, il envoie le sergent de semaine.

Le service de semaine ne dispense pas MM. les officiers de la surveillance qu'ils doivent toujours exercer chacun en ce qui le concerne, conformément à l'ordonnance du roi en date du 2 novembre 1833.

En vertu de cette même ordonnance, art. 89 et 90, le lieutenant est chargé de surveiller les détails de l'ordre ordinaire de la compagnie et d'en vérifier tous les comptes, en se conformant toutefois aux modifications apportées par M. le préfet de police, en raison de la spécialiré du corps.

D'après les articles 230 et 231 de l'ordonnance ci-dessus mentionnée, un officier est désigné par le colonel pour la direction des écoles régimentairees. C'est le sous-lieutenant qui est chargé de cette surveillance ; il doit assister à toutes les classes pour en diriger l'ensemble, lors même qu'il n'est pas de semaine ; il surveille aussi les écritures que les hommes font dans les postes.

Le sous-lieutenant est aussi chargé de la surveillance de la literie et doit en passer la revue une fois par mois, accompagné du fourrier ou de son aide ; il veille à la stricte exécution du marché passé et consenti par le fournisseur, et doit avoir le double du marché à sa disposition.

Les sections sont surveilllées par MM. les lieutenants et sous-lieutenants, conformément à l'ordonnance ci-dessus indiquée.

Nota. Lorsque MM. les officiers auront commandé à un incendie assez considérable pour que les journaux en rendent compte, ils devront adresser au commandant du corps, dans le délai de deux heures, après leur rentrée au quartier, ou leur rapport ou une note sommaire qui puisse mettre à même de donner au public, par la voie des journaux, des renseignements exacts sur la partie de l'incendie qui concerne spécialement le service ; ainsi, il n'est pas nécessaire que la note fasse mention ni des dégâts qui ont pu être occasionés, ni de la cause du feu, circonstances qui peuvent n'être connues que plus tard.

OBSERVATIONS GÉNÉRALES.

Le corps n'étant pas réuni dans une seule caserne, et l'adjudant-major ne pouvant par conséquent lever toutes les difficultés de service qui peuvent se présenter, il a fallu donner une autorité entière à l'officier de semaine, le seul qui soit tenu de rester dans la caserne et de pourvoir à tout. Mais il est bien entendu que l'officier de semaine n'en reste pas moins soumis en tout à l'autorité du capitaine de la compagnie, qui devra, toutes les fois qu'il sera au quartier, être prévenu de ce qui arriverait en dehors du service journalier, afin qu'il puisse trancher toutes les difficultés par lui-même.

Toutes les fois qu'il se présentera une affaire extraordinaire, mais qui ne nécessitera pas une solution immédiate, l'officier attendra la présence du capitaine. Enfin, ce dernier étant seul responsable envers le colonel de tous les détails d'administration, d'ordre et de discipline de la compagnie, MM. les officiers lui doivent un compte exact de toutes les parties du service dont ils sont chargés.

DEVOIRS EN CAS D'INCENDIE.

L'officier de semaine a dû faire désigner les escouades qui doivent marcher en cas d'incendie, et les fait préparer comme il est dit à l'appel du soir dans les chambrées.

Il s'assure que le caporal de garde a bien compris ses devoirs en cas d'incendie; il lui remet un tableau contenant les noms de l'officier, des sous-officiers, et les numéros des escouades qui doivent marcher en cas d'incendie; ce tableau désigne l'ordre du départ. Cette désignation change toutes les fois que l'on a été au feu, afin que chacun, à son tour, puisse acquérir de l'expérience dans chaque partie du service.

Ce tableau est conforme au modèle ci-joint :

De service pour l'incendie.

M. . . . officier de semaine.

Les sieurs } . . . . . . { sous-officiers.

Les escouades N^{os}

L'escouade N°. . . en armes.
  id: N°. . . à la première pompe.
  id.   N°. . . au premier tonneau.
  id.   N°. . . à la deuxième pompe.
  id.   N°. . . au deuxième tonneau.

Remplaçant l'officier de semaine, M.....

L'officier de semaine se rend à tous les incendies pour lesquels il sort des secours de la caserne, ou pour lesquels une pompe est en manœuvre ou a manœuvré.

Lorsqu'un poste isolé a mis une pompe en manœuvre et que d'autres secours ne sont pas nécessaires, l'officier de semaine, sur l'avertissement qui lui en est fait, se transporte au lieu de l'incendie pour reconnaître si l'établissement a été bien fait, et faire ses observations au caporal s'il y a lieu. La pompe n'est remontée que sur les ordres de l'officier.

Si l'incendie a lieu pendant le jour, l'officier de semaine part avec le piquet de réserve (qui, dans chaque caserne, est composé d'un sous-officier, 4 caporaux et 15 ou 20 sapeurs pris parmi les hommes de repos), et emmène le matériel qu'il juge nécessaire, suivant l'importance du feu annoncé.

Les hommes ne faisant pas partie du piquet, et qui se trouvent dans la caserne au moment de l'avertissement, y restent immédiatement consignés, ainsi que ceux qui pourront rentrer après le départ du piquet, afin que le sergent de semaine puisse envoyer de nouveaux secours dans le cas où ils lui seraient demandés. A cet effet, aussitôt après le départ de l'officier de semaine, le sergent de semaine organise un second départ avec les hommes qui se trouvent à sa disposition, et en employant les hommes de garde au quartier si cela est nécessaire ; il attend les ordres de l'officier qui est au feu.

Pendant le jour, il n'est commandé d'hommes en armes qu'après que le service du matériel est assuré.

Si l'incendie est dans un quartier rapproché de la caserne, ou qu'il n'y ait pas encore de secours, les hommes de garde à la police doivent y conduire la première pompe, et, dans ce cas, l'officier de semaine s'y rend directement.

Si l'incendie est éloigné, ou qu'il y ait déjà un premier secours, l'officier de semaine prend le commandement du détachement qui doit être placé par les soins de la garde de police, dans la cour, ainsi qu'il suit : l'escouade armée à la droite, une pompe et un tonneau, puis une seconde pompe et un deuxième tonneau ; les hommes placés comme ils ont été désignés à l'appel du soir, un sous-officier à côté de chaque pompe, et un devant les hommes armés.

† L'officier de semaine ordonne le départ, qui doit toujours se faire au pas accéléré, et, une fois hors de la caserne, il ordonne le pas de course.

A l'arrivée au lieu de l'incendie, l'officier fait arrêter le détachement à cinquante pas de l'incendie, puis il se fait accompagner des sous-officiers qui commandent les pompes, pour faire la reconnaissance ; il leur donne ses ordres pour la bonne direction des secours.

Pendant la reconnaissance, le sous-officier de police place des factionnaires pour empêcher l'encombrement des curieux et les déménagements inutiles.

Il maintient les pompes et tonneaux en ordre, et ne les laisse avancer que sur les ordres des sous-officiers qui ont accompagné l'officier dans la reconnaissance.

Si l'officier juge qu'une deuxième pompe est inutile, le sous-officier qui la commande se retire de suite avec son escouade.

Il se fait suivre du tonneau ou des tonneaux dont l'emploi n'a pas été reconnu nécessaire.

Si l'officier a jugé que les deux pompes doivent être mises en manœuvre, il indique aux sous-officiers les points d'attaque ; ceux-ci s'y transportent rapidement, se faisant suivre de leur pompe et d'un tonneau.

Les paquets de seaux sont défaits ; le sous-officier de police à qui ils sont confiés les distribue aux différentes chaînes, suivant le besoin.

Le sous-officier de police fait prendre dans les coffrets les clefs des bornes-fontaines, et fait ouvrir celles dont on doit faire usage.

Le sous-officier qui commande une pompe est chargé de diriger le caporal, et, pour cela, il fait avec lui la reconnaissance de la partie de l'incendie dont l'attaque lui a été confiée par l'officier ; il indique au caporal la manière dont l'établissement doit être fait ; il surveille cet établissement, désigne les points sur lesquels il faut porter les premiers secours. Il ne prend pas la lance, elle est tenue par le caporal. Il veille à ce qu'aucun homme ne s'écarte de son poste sans son ordre, et à ce que les sapeurs conservent, autant que possible, le calme et le silence nécessaires pour que les secours soient bien efficaces. On n'emploiera les bourgeois pour manœuvrer les pompes que lorsque les sapeurs de l'escouade seront insuffisants.

Les hommes qui sont aux tonneaux vont les remplir dès qu'ils sont vides ; le sous-officier de police les dirige, à leur retour, sur les points où l'eau est le plus nécessaire ; il dirige de même les tonneaux de porteurs d'eau lorsqu'ils arrivent, et les fait retirer dès qu'ils sont vides, afin d'éviter l'encombrement ; il fait placer des lumières aux points où l'on prend l'eau et auprès des pompes.

L'officier, dans sa reconnaisance, s'est fait accompagner d'un sapeur, qu'il envoie ensuite à l'état-major du corps ; il envoie aussi un homme à l'état-major de la place toutes les fois que l'incendie nécessite la manœuvre d'une pompe.

L'officier fait prévenir le commissaire de police; il porte son attention sur l'ensemble des secours; il ne s'occupe des détails confiés aux sous-officiers que lorsqu'il est certain que ces détails ne lui feront pas perdre de vue quelque partie de sa surveillance.

Aussitôt que l'officier peut s'occuper de l'établissement du parc, il en désigne le point au sous-officier de police, qui y fait réunir les seaux, échelles, cordages, etc., par les hommes qui étaient attachés aux tonneaux; aussitôt qu'ils ne sont plus nécessaires à ce service, il fait garder le parc par des hommes armés.

Si une ou plusieurs pompes des postes de ville sont établies au moment où l'officier arrive, il fait occuper immédiatement les corps-de-garde abandonnés par les caporaux et sapeurs amenés de la caserne; mais si ces derniers sont nécessaires, l'officier ne se prive pas de leurs secours, et fait alors prévenir celui qui le remplace à la caserne pour faire occuper les postes. Après l'extinction de l'incendie, l'officier juge s'il doit renvoyer à leur poste de ville les sapeurs qui étaient au feu, ou si, à cause de leur fatigue, il doit les ramener à la caserne.

Si les postes arrivent après les secours de la caserne, le sous-officier de police les arrête, les caporaux vont prendre les ordres de l'officier, qui les fait retirer immédiatement si leur présence est inutile.

Si, par l'arrivée des postes, il se trouve moins de sous-officiers que de pompes établies, l'officier met sous le commandement d'un sous-officier plusieurs pompes.

Aussitôt qu'une pompe est inutile, le sous-oficicier qui la commande, après en avoir averti l'officier, fait démonter l'établissement et se retire avec son détachement, si l'officier ne lui donne pas l'ordre de s'établir ailleurs.

Dès que les sapeurs attachés aux tonneaux ont remis au parc les seaux, échelles, etc., s'ils ne sont plus nécessaires, le sous-officier de police les renvoie à la caserne avec leurs tonneaux.

Les sous-officiers, à leur retour, rendent compte à l'officier, ou au sous-officier de semaine, des pertes et dégradations des effets des sapeurs sous leurs ordres.

L'officier fait en sorte que personne ne soit inactif, et que les départs partiels pour la caserne aient lieu aussitôt que possible.

Il est expressément défendu à tout sapeur de s'écarter du poste qui lui a été désigné sur le lieu de l'incendie; et, s'il a été employé par le sous-officier, il doit rejoindre son poste aussitôt que le service pour lequel il a été appelé est terminé.

Le bon emploi des secours nécessitant l'unité du commandement, le premier officier arrivé sur le lieu de l'incendie commande tant que la présence d'un seul officier est suffisante; si un ou plusieurs officiers se présentent à un incendie sans amener des secours, ils se concertent avec l'officier qui a le commandement, et, s'il est reconnu que le concours de plusieurs officiers est indispensable, le plus ancien, après avoir pris connaissance parfaite de l'incendie, en prend le commandement.

Si un officier arrive avec des secours, il ne doit en faire usage qu'après s'être concerté avec l'officier qui commande. Si ces nouveaux secours sont reconnus nécessaires, l'officier qui les a amenés les établit; le plus élevé en grade des deux officiers, ou le plus ancien à grade égal, prend alors le commandement; si les nouveaux secours sont inutiles, l'officier qui les commande les fait retirer, et il se retire lui-même si sa présence n'est pas nécessaire.

Pendant et après l'extinction de l'incendie, l'officier prend tous les renseignements nécessaires à la rédaction du rapport.

Après l'extinction de l'incendie, si l'ingénieur n'est pas présent, le commandant du détachement fait charger les seaux, cordages, etc., etc., qui ont été réunis par les soins du sous-officier de police.

L'officier de semaine, le lendemain matin, envoie sur le lieu de l'incendie le sous-officier qui était de police, avec un détachement chargé de recueillir les agrès qui n'auraient pas été rapportés à la caserne; ce sous-officier ramène à la caserne les pompes et les détachements qui auraient été laissés sur le lieu de l'incendie, si leur présence n'est plus nécessaire; s'il juge que la surveillance des sapeurs-pompiers est encore utile, il laisse le nombre d'hommes nécessaire sous les ordres d'un chef capable.

Dès que l'officier de semaine sera averti qu'une pompe aura manœuvré, il la fera remplacer par une pompe de la caserne, garnie d'une échelle à crochets; la pompe du poste sera conduite à l'état-major.

L'officier de semaine envoie, avant le rapport général, une ordonnance au poste qui aurait fait, la veille ou pendant la nuit, l'attaque d'un incendie, afin d'en prendre le rapport qu'il certifiera, et auquel il fera les observations et additions qu'il jugera nécessaires.

DEVOIRS DU SERGENT-MAJOR.

Devoirs généraux.

Le sergent-major s'applique à connaître la conduite, les mœurs et la capacité des sous-officiers, des caporaux et sapeurs de la compagnie; il éclaire l'opinion du capitaine sur leur compte, et n'agit envers eux qu'avec les ménagements ou la sévérité que comporte leur âge ou leur caractère. Il les commande en tout ce qui est relatif au service, à la tenue et à la discipline. Il est responsable de ces détails envers les officiers de la compagnie, et spécialement envers l'officier de semaine.

Il est responsable de l'administration envers le capitaine ; il surveille le fourrier chargé, sous sa direction, de faire toutes les écritures.

Vérification à son entrée en fonctions.

En entrant en fonctions, il vérifie si les effets de toute nature en service cadrent avec le livre de la compagnie et les livrets. Il visite aussi les effets de casernement et la literie.

Prêt.

Il touche le prêt chez le trésorier, sur la feuille préparée par le fourrier et signée par le capitaine, au bas de laquelle il met son acquit ; il porte le prêt immédiatement chez le capitaine.

Comptabilité de la compagnie.

Il fait tenir par le fourrier les registres d'ordres de la compagnie et ceux qui ont rapport à la comptabilité ; il exige qu'ils soient constamment au courant ; que les mutations ainsi que les recettes et les distributions de toute nature soient portées chaque jour sur le livre de compagnie dit *compte-ouvert* ou *main-courante*. Il veille à ce que le fourrier inscrive en présence des hommes, sur leur livret, tous les effets qu'ils reçoivent, les réparations et les dégradations de toute nature mises à leur charge, ainsi que les versements qu'ils ont faits entre les mains du capitaine pour améliorer leurs masses ; sous aucun prétexte il ne garde les livrets par-devers lui, et ne permet au fourrier de les garder.

Le sergent-major tient lui-même le registre des punitions, celui des rapports journaliers, les cahiers des notes, et enfin tous les registres, contrôles et états relatifs à toute espèce de service, aux classes d'instruction, aux appels, aux permissions,

au classement des hommes par sections, subdivisions et escouades, et il est chargé du renouvellement des listes et étiquettes dans les chambrées. Il établit le relevé des punitions
de la quinzaine, et, après l'inscription sur les fiches, il le présente à la signature du capitaine, et l'envoie ensuite à l'état-
major du corps. Aussitôt qu'un homme entre à l'hôpital pour
maladie vénérienne, il dresse un état nominatif qu'il fait signer par le capitaine et qu'il envoie de suite à l'état-major du
corps par le caporal qui conduit le malade.

Il tient aussi le cahier d'ordinaire, où il inscrit, tous les
jours, les recettes et les dépenses, sous la surveillance de l'officier chargé des détails de l'ordinaire; il paie également,
tous les jours, le cuisinier d'après l'effectif des hommes portés
présents sur la situation que le fourrier soumet, le matin, à
la signature du capitaine. Il reçoit du capitaine l'argent nécessaire pour les besoins de l'ordinaire, et le compte est définitivement arrêté toutes les dizaines; il signe ce cahier, le fait
vérifier par le lieutenant chargé de surveiller l'ordinaire, et
certifier par le capitaine.

Il a soin que le cahier d'ordinaire soit affiché au réfectoire
après l'inscription faite, et qu'il y reste tout le jour.

Effets des hommes aux hôpitaux, en congé ou en désertion.

Lorsqu'un homme entre à l'hôpital du lieu, ses effets d'armement et d'équipement sont visités en sa présence et déposés au magasin de la compagnie, où ils restent, ainsi que les
deux cassettes renfermant tous les effets d'habillement, de
linge, chaussure et de petite monture; ces deux cassettes doivent être étiquetées et fermées, les clefs doivent rester entre
les mains de l'homme.

Si l'homme entrant à l'hôpital ne peut assister à cette visite, il est remplacé par le caporal et par un homme de l'escouade.

Le sergent-major inscrit, sur le billet d'hôpital, les effets que l'homme emporte avec lui, l'heure du départ, et le fait accompagner par un caporal; l'homme, avant son départ, doit signer son arrêté de compte sur le registre dit *compte-ouvert*.

Le livret, arrêté par le fourrier et signé du capitaine, est remis à l'homme, qui doit toujours en rester porteur. La mutation est portée le lendemain matin au rapport, et sur la situation.

Il agit de même à l'égard des hommes allant en congé, à l'hôpital externe, ou s'absentant pour tout autre motif. Ces hommes emportent leurs sacs; les effets qu'ils laissent à la compagnie sont visités et déposés de la même manière.

Lorsque l'homme qui a fait une absence rentre à la compagnie, ses effets sont retirés du magasin et vérifiés en sa présence.

Dès que le sergent-major suppose qu'un homme a déserté, il fait établir l'inventaire de ses effets en présence du caporal et d'un sapeur de sa chambre qui le certifient; cet inventaire est visé par le capitaine. Le sac et tous les effets sont aussitôt déposés au magasin de la compagnie, avec l'inventaire dans la cassette, et la clef remise chez le capitaine.

Listes et Placards à afficher.

Le sergent-major fait placer en dehors de la porte de chaque chambre, et sur une planchette, une liste indiquant le numéro de la compagnie, le nom du capitaine, de l'officier et des sergents de la section, et ceux des hommes de la chambrée.

Il affiche sur la porte de sa chambre le nom des officiers de la compagnie, avec l'indication de leurs logements; il y affiche également son nom et celui du fourrier.

Il fait afficher encore dans les chambres les articles de l'ordonnance du 2 novembre 1833, sur les marques extérieures de respect, et sur les devoirs des caporaux de chambrées; sur la manière de monter et démonter les armes, et l'état des objets de casernement signé par le fourrier et le caporal. Il fait également placer dans les chambres un tableau indiquant tous les effets d'armement, d'équipement, d'habillement et de petite monture dont chaque homme doit être pourvu; ce tableau devra indiquer la place où tous ces objets doivent être marqués et avec quoi on doit les marquer, ainsi que l'ordre dans lequel ces mêmes objets doivent être placés lors d'une revue de butin.

Malades à la chambre.

Après le réveil, il envoie au corps-de-garde, par le sergent de semaine, le nom des hommes malades et des hommes rentrés, la veille, des hôpitaux, avec le numéro de leurs escouades.

DEVOIRS JOURNALIERS.

Aussitôt après le réveil battu, le sergent-major se rend au corps-de-garde de police pour recevoir du caporal de garde :

1° Les rapports des sous-officiers et caporaux chefs des détachements qui étaient de service la veille dans les théâtres;

2° Les permissions des hommes qui sont rentrés après l'appel du soir, et, le matin, au réveil;

3° L'heure à laquelle sont rentrés les hommes qui auraient manqué à l'appel du soir;

4° Le résultat des contre-appels et des visites faites pendant la nuit dans l'intérieur de la caserne;

5° Le cahier des demandes de permissions; et enfin il prend près de lui tous les renseignements nécessaires à la confection du rapport journalier. Il reçoit du sergent de semaine le résultat de l'appel du matin dans les chambrées, et fait faire, en sa présence, celui de la garde de police.

Il fait porter au bureau de la compagnie, par le caporal de semaine, le tableau de situation et toutes les pièces qu'il a reçues, et s'occupe ensuite de la confection du rapport et de la situation du jour; qu'il soumet ensuite au visa de l'officier de semaine.

Il lui soumet également les demandes de permissions, et, pour éclairer cet officier sur le droit de chacun, il lui remet le cahier sur lequel il a dû inscrire (avec beaucoup de soin) la date et le genre de permissions accordées à chaque homme.

Ce cahier, présentant l'effectif de la compagnie divisée par escouades, est préparé pour six mois, et indique par des marques particulières les hommes qui, par punitions, sont privés de permissions.

Le sergent-major reçoit toutes les demandes que les sous-officiers, caporaux et sapeurs ont à faire par la voie du rapport; il les soumet au capitaine et en instruit l'officier de semaine. Les permissions de 1, 2, 3 jours et au-dessus ne sont établies qu'après que le capitaine en a reconnu la nécessité.

Le sergent-major reçoit du fourrier la situation journalière et les pièces de comptabilité; il s'assure de leur exactitude, et les soumet ensuite à la signature du capitaine, ainsi que le rapport du jour, toutes les demandes de permissions; et enfin toutes les pièces qui doivent être envoyées à l'état-major du corps. Après la signature du rapport journalier, il en fait l'inscription sur le registre journal; après quoi il indique sur le cahier des notes, l'heure du départ; et envoie immédiatement le portefeuille à l'état-major par le sapeur faisant fonctions de chef.

Nota. Le caporal de garde donnera pour consigne à ce sapeur de remettre le portefeuille à *l'aide-fourrier*, lorsqu'il le rapportera de l'état-major.

Après le départ du rapport, le sergent-major présente au capitaine : 1º le cahier sur lequel il a dû inscrire la recette des rondes d'officiers; 2º le cahier d'ordinaire revêtu de la signature du cuisinier, pour la recette de la veille, en raison de l'effectif présenté sur la situation journalière; 3º la liste des hommes punis, à l'effet de régler la durée de la punition;

4° le cahier des permissions pour vérifier si toutes les inscriptions ont été faites.

Pour établir le rapport et la situation, le sergent-major se conforme aux indications portées sur la feuille modèle n° 1, (art. 195, ordonnance du 2 novembre 1833); il porte aux objets divers le genre d'exercice, de théorie ou d'école qu'on doit faire le matin, le nombre de permissions pour remplacer celles qui ont été accordées la veille; il annonce, les jours de solde, ceux des revues de butin et de lecture du Code, et tous les services extraordinaires qui auront été faits la veille, dans les postes de ville ou dans les théâtres; le dimanche il annonce l'heure de l'inspection, après avoir pris les ordres du capitaine.

Exercices et Théories.

Le sergent-major assiste, comme sous-officier, à tous les exercices ou théories, à moins qu'un travail extraordinaire ne l'en empêche, ce dont l'officier de semaine doit être averti.

Il tient au courant les tableaux ou cahiers servant à faire l'appel pour toutes les classes d'instruction; et, afin que l'officier de semaine puisse se rendre compte des hommes qui doivent exercer; il a soin d'indiquer, par une marque particulière, les hommes absents et ceux qui sont exempts; ces derniers doivent répondre à l'appel et rester dans la caserne tout le temps que durent les exercices.

Le passage d'une classe à une autre n'a lieu que sur la proposition de l'officier de semaine au capitaine, qui ordonne le changement sur les contrôles après examen.

Assemblées.

Après l'assemblée battue, les 2, 12 et 22 de chaque mois, il paie aux chefs d'escouade, en présence du capitaine et de l'officier chargé de la surveillance de l'ordinaire, les centimes de poche et les hautes-paies du prêt échu.

Des bordereaux nominatifs, par escouade, sont préparés à

l'avance, et disposés de manière à pouvoir servir un mois. Sur le recto de ces bordereaux, la solde et les chevrons sont totalisés devant le nom de l'homme, et sur le verso sont portées les retenues pour permissions, prison, salle de police, ainsi que les 20 centimes par jour pour ceux qui doivent à leur masse. Ces bordereaux, revêtus de la signature des caporaux d'escouade et des sergents de subdivision qui assistent à la solde, sont remis au capitaine par les soins du sergent-major, après la solde.

Il paie également aux sous-officiers le prêt échu et les chevrons d'après un bordereau établi de la même manière.

Le premier samedi de chaque mois, après l'assemblée, il fait faire, par le sergent-major de semaine, l'appel de la compagnie, et par le fourrier, la lecture de l'extrait du Code pénal militaire, des marques extérieures de respect, et des ordres dont la lecture serait ordonnée par le colonel.

Soupe du matin.

Le sergent-major fait préparer, pour l'heure de la soupe, la feuille de service du jour, tant pour les postes de ville que pour les théâtres; il a soin d'indiquer le poste, le nom et le numéro de service de l'homme. Au bas de cette feuille, il porte les noms des caporaux et sapeurs de la série qui ne sont pas de service; cette mesure est adoptée pour connaître les hommes qui doivent faire les corvées extraordinaires, en ayant soin, toutefois, de les répartir également.

Etablissement des contrôles et répartition du service de vingt-quatre heures:

La compagnie est divisée en deux séries; chaque série forme un contrôle séparé, sur lequel le service est nommé de deux jours l'un.

Ces contrôles sont établis par ordre numérique et dans l'ordre suivant : le premier, du n° 1 au 18 pour les caporaux, et du n° 1 au 57 pour les sapeurs ; le deuxième, du n° 19 au 37 pour les caporaux, et de 58 à 113 pour les sapeurs, et tous sont placés de manière à ce que, dans un poste, il se trouve un ancien avec un nouveau sapeur.

Le service se divise en trois catégories, les théâtres, les postes armés et les petits postes. Le sergent-major doit donc avoir le plus grand soin, en établissant la feuille de service, que les caporaux et sapeurs montent à tour de rôle dans ces diffé-rents postes, et que les jours de repos soient justement ré-partis. Pour assurer l'exactitude du service, et afin de pouvoir répondre aux réclamations des hommes, le sergent-major tient un contrôle sur lequel il inscrit tous les jours le genre de service fait par l'homme ; ce contrôle est vérifié tous les mois par les adjudants en allant à la solde.

Garde montante.

Le sergent-major se trouve à la garde montante, et aussi-tôt le placement des gamelles terminé, il fait faire un roule-ment, fait mettre la baïonnette au canon, et fait l'appel de la garde, qu'il fait placer sur deux rangs par postes et par dé-tachements, en commençant par les postes armés ; il fait en-suite l'appel des hommes de repos, qui doivent être en capote, épaulettes et bonnet de police, placés sur deux rangs à la gauche de la garde. L'appel terminé, il présente à l'officier de semaine la situation, afin qu'il puisse la vérifier s'il le juge convenable.

Il accompagne l'officier de semaine à l'inspection de la garde, et fait donner lecture des ordres par le fourrier. Après la garde défilée, il fait rompre les rangs aux hommes de re-pos lorsque l'officier de semaine le prescrit.

Il nomme au cercle le service des sous-officiers pour la jour-née et remet la liste à l'officier de semaine.

Il assiste à l'inspection des chambrées et ensuite il distribue les permissions qui ont été accordées le matin ; il fait afficher le service qui doit se faire le soir dans les théâtres, ainsi que la liste des hommes de service pour le lendemain, puis il donne au caporal de garde les noms des hommes punis.

Soupe de la garde descendante.

Il fait préparer la feuille du service de représentation pour l'heure de la soupe de la garde descendante. Dans le cas où il s'y serait glissé une erreur qui occasionerait une réclamation, il doit la rectifier sur-le-champ, s'il y a lieu, et donner à l'officier de semaine tous les renseignements pour le mettre à même de juger si la réclamation est fondée ou non.

Le service de représentation dans les théâtres ou autres établissements publics est toujours fait par les hommes qui descendent la garde le jour même, en prenant pour point de départ le dernier numéro de service des postes, et suivant l'ordre numérique en remontant vers la droite de la liste.

Il est également tenu note de ce genre de service, afin qu'il soit réparti également sur chaque homme; vérification en est faite au bureau des adjudants en même temps que du service de vingt-quatre heures.

Rapport des chefs de poste de la garde descendante.

Lorsque tous les chefs de poste de la garde descendante sont rentrés à la caserne, et que les chefs de poste, ainsi que l'officier de semaine, ont signé la feuille intitulée : Rapport des chefs de poste, le sergent-major indique, sur le cahier des notes, l'heure du départ, et envoie immédiatement le portefeuille à l'état-major par le sapeur de garde ayant le n° 4.

Exercices des deuxième et troisième classes.

Le sergent-major remet au sergent de semaine la liste des hommes composant les deuxième et troisième classes des exercices qu'on doit faire le jour, en y ajoutant les noms des hommes punis, afin que l'appel en soit fait et que l'officier de semaine puisse se rendre compte du nombre d'hommes qui doit composer les classes:

Corvée de souper.

Le sergent-major veille à ce que la liste des postes occupés par la compagnie, et dans lesquels on doit porter les vivres, soit affichée intérieurement sur la porte du casier où se placent les gamelles des hommes de garde; qu'elle soit réglée par ordre de course et numérotée par corvée. Il y fait les changements qui sont nécessités lors d'un nouveau service, toutefois après avoir consulté l'officier de semaine.

Il veille aussi à ce que les hommes qui sont désignés sur la feuille de service pour porter le souper, soient toujours ceux qui descendent la garde des théâtres, en prenant par la droite de la liste. Ces mêmes hommes font, le lendemain matin, la corvée du quartier. Ces deux corvées étant subordonnées aux gardes des théâtres, se trouvent par le fait réparties également sans nécessiter d'autres inscriptions.

Après le départ des corvées, c'est-à-dire à deux heures après midi, le sergent-major fait établir la situation pour l'appel du soir; et pour faciliter ce travail et éviter des erreurs, il n'est plus accordé de remplacements, ni de permissions après cette heure, à moins de circonstances extraordinaires.

Départs des détachements pour le service des théâtres et autres.

A l'heure des départs pour le service du soir, le sergent-major doit s'arranger de manière que lui ou l'aide-fourrier soit au bureau, afin de faire, sur la situation d'appel du soir, les changements qui auraient été nécessités par des remplacements obligés:

Appel du soir.

Le sergent-major assiste à l'appel du soir, toutes les fois que l'officier de semaine est absent.

Aide-fourrier à la disposition du sergent-major.

Le devoir du sergent-major nécessitant beaucoup de détails par la complication du service, il aura à sa disposition le caporal aide-fourrier pour l'aider dans ses écritures, excepté pendant les dix derniers jours du trimestre et les dix premiers du trimestre suivant, où il ne pourra l'employer que jusqu'à neuf heures du matin. Le reste de la journée, pendant ces vingt jours, ce caporal sera à la disposition du fourrier pour l'aider à régler le trimestre.

Service d'incendie.

Afin que le sergent-major puisse participer au service contre l'incendie, il remplacera le sergent de semaine dans les fonctions que ce dernier serait appelé à remplir avec sa section, s'il n'était pas de semaine.

Lorsque le sergent-major remplacera l'officier de semaine, il sera remplacé lui-même par un sous-officier de repos.

Remplacement de l'officier de semaine par le sergent-major.

Toutes les fois que le sergent-major remplira les fonctions d'officier de semaine, il en aura tous les droits et devra se conformer strictement aux devoirs de l'officier de semaine, dont il doit avoir pleine connaissance. Cela ne le dispensera pas de sa responsabilité comme sergent-major, mais il se fera aider par le sergent de semaine.

Cas d'absence.

Dans le cas où le sergent-major devra s'absenter, soit pour cause de service ou avec permission, il sera remplacé, pour le service de police, par le plus ancien sergent de la compagnie, qui est alors dispensé de service; dans ce cas, le fourrier devient responsable, envers le capitaine, de la comptabilité et de la confection du rapport journalier.

DEVOIRS DU SERGENT.

Les sergents commandent aux caporaux et aux soldats en tout ce qui est relatif au service, à la police et à la discipline. Ils surveillent leur conduite privée; ils sont responsables, envers le sergent-major et les officiers, de l'exécution des ordres et de la police.

Ils alternent dans chaque compagnie pour le service de semaine, de ronde, de renseignements et de théâtres ; ils roulent entre eux dans le bataillon pour les gardes, les plantons et les corvées.

Sergent de semaine.

Le sergent de semaine est particulièrement aux ordres de l'officier de semaine ; il assure, sous l'autorité de ce dernier, l'exécution des détails de service, de police et de discipline ; il lui fait des rapports verbaux ainsi qu'au sergent-major ; il aide et supplée ce dernier dans le service journalier.

Il assiste, dans la tenue de la troupe, à tous les appels, et se place, à celui de la garde montante, à côté du sergent-major, afin de répondre pour les hommes malades à la chambre, veiller à la formation des postes et à la composition des divers détachements ; il fait lui-même l'appel du matin, celui du soir et celui des consignés dans le courant de la journée ; il est exempt d'exercice et de théorie, à moins de cas extraordinaires ; mais il fait l'appel de toutes les classes d'instruction. Il assiste à toutes les visites du chirurgien ; il le conduit au bureau de la compagnie pour y faire les billets d'entrée à l'hôpital, les exemptions de service ou d'exercice, et il en rend compte à l'officier de semaine, si ce dernier n'est pas présent à la visite.

Il est responsable de la ponctualité de toutes les batteries du service journalier, et de celles qui sont ordonnées par les officiers.

Au réveil.

Après les trois coups de baguette qui suivent la batterie du réveil, il se rend dans les chambrées accompagné du caporal de semaine, pour y faire l'appel sur le tableau préparé la veille par les soins du sergent-major ; il s'assure de la présence de tous les hommes, de la rentrée des permissions ; il reçoit le rapport du caporal d'escouade, prend les noms des hommes qui se déclarent malades, et nomme les hommes qui sont désignés pour des corvées extraordinaires; après quoi, *en hiver*, il se rend au bûcher avec le caporal de semaine et un homme désigné dans chaque chambrée, et fait faire la distribution du bois par le caporal de semaine, en veillant à ce que le lot de chaque chambre soit proportionné au nombre d'hommes qui la composent.

Il se rend ensuite au poste de police, pour faire faire, par le caporal de garde, l'appel de la garde et s'assurer que la tenue soit reprise, après quoi il rend compte de l'appel au sergent-major.

Surveillance pour la propreté du quartier.

Il veille à ce que le caporal de semaine rassemble les consignés et les hommes désignés pour faire la corvée du quartier, et qu'ils soient employés à nettoyer les cours, corridors et escaliers de la caserne, ainsi que les resserres des pompes.

Le samedi il fait nettoyer la caserne à fond; il fait sortir le matériel dans la cour, et ne le fait remiser qu'après avoir été inspecté par l'officier de semaine.

Le premier samedi de chaque mois, il fait nettoyer les vitres de la caserne, ainsi que ceux du corps-de-garde de police.

Corvée des détenus.

Il fait sortir les hommes de la salle de police et les remet au caporal de semaine, pour qu'ils soient employés à la propreté du quartier. Ces hommes doivent d'abord faire la corvée de la salle de police, puis nettoyer les lieux d'aisance; à défaut d'hommes détenus, on prendra des consignés, pour cette dernière corvée; et, enfin, s'il n'y a pas d'hommes punis, elle sera faite par les sapeurs pris par la gauche de la liste.

Aussitôt la corvée du quartier terminée, le sergent de semaine fait rentrer les hommes à la salle de police, à moins qu'ils ne soient de garde, ou d'exercice. Il est dépositaire des clefs pendant tout le jour; la nuit elles sont confiées au caporal de garde.

Il fait faire, en sa présence, la corvée de la prison et du cachot par les hommes qui y sont détenus, et veille à ce qu'ils soient rasés deux fois par semaine par le perruquier de la compagnie, et à ce que le dimanche il leur soit fourni du linge blanc par les soins de l'ordinaire, et il en est responsable. Les clefs de la prison et du cachot doivent être remises à l'officier de semaine, qui les donne au besoin, mais seulement au sergent de semaine, afin que celui-ci puisse visiter les détenus soir et matin, et recevoir leurs réclamations.

Corvées extraordinaires et épreuves des pompes.

Il rassemble, ou fait rassembler par le caporal de semaine, les hommes commandés pour les diverses corvées; il en fait l'appel, en passe l'inspection; il s'assure qu'ils ont mangé la soupe avant le départ, ou qu'on la leur a mise à part pour leur retour.

Rassemblement des classes d'instruction.

Cinq minutes avant l'heure fixée pour les exercices, théories, écoles, etc., il fait rappeler; immédiatement après, il fait faire un roulement, puis commence l'appel sur le tableau préparé à l'avance par les soins du sergent-major; il rend compte à l'officier de semaine du résultat de l'appel et du nombre d'hommes composant les diverses classes.

Pendant la durée des exercices, il veille à ce que les hommes désignés pour nettoyer les chambres s'occupent de cette corvée, qui doit, autant que possible, être faite par des hommes qui n'assistent pas aux exercices.

Après l'assemblée battue, il passe dans les chambrées pour s'assurer de leur tenue.

Soupe du matin.

Un quart-d'heure avant celle de la soupe, il se rend à la cuisine pour s'assurer que le cuisinier prépare les gamelles, et qu'il les porte sur les tables au réfectoire.

Il fait placer un factionnaire pris sur la garde de police, et lui donne pour consigne de ne laisser rien sortir du réfectoire, et de n'y laisser entrer les hommes que dans une tenue propre et décente.

A neuf heures et demie, il fait faire le roulement pour la soupe et se rend au réfectoire ; il veille à ce que les hommes y entrent en silence et qu'ils se placent en ordre aux diverses tables.

Lorsque la troupe est entièrement placée, il fait l'appel des hommes de service en indiquant les divers postes, la tenue du jour et l'heure du rappel pour la garde montante. Il fait aussi connaître les permissions de dix heures et demie qui auraient été accordées le matin.

Il veille à ce que la troupe sorte du réfectoire en ordre.

Il fait ensuite porter par le caporal de semaine et le planton de la cuisine, les vivres aux hommes détenus, et il les accompagne.

Garde montante.

Après le rappel battu, il se rend avec le caporal de semaine au réfectoire ou à la cuisine, pour y recevoir le pain et les gamelles des hommes de garde ; il les fait placer, après les avoir inspectées, dans le casier destiné à chaque poste. Ce placement étant terminé, il en prévient le sergent-major, qui fait faire le roulement.

Il accompagne le sergent-major lorsque celui-ci fait l'appel, il l'aide dans le classement des postes et la formation des divers détachements.

Il accompagne l'officier de semaine à l'inspection de la garde, à celle des chambrées et de la caserne.

Soupe de la garde descendante.

Un quart-d'heure avant la soupe de la garde descendante (c'est-à-dire à onze heures trois quarts), il observe tout ce qui a été dit à la soupe du matin, pour le placement des gamelles, la pose du factionnaire, sa consigne, la tenue des hommes et la police pendant le repas.

Il fait l'appel des hommes de service le soir, en indiquant l'établissement et l'heure du départ ; il désigne les hommes qui doivent porter le souper dans les postes.

Il prend note des remplacements de service accordés par l'officier de semaine ; et, après la soupe mangée, il se rend chez le sergent-major pour lui en donner connaissance, afin que la situation d'appel du soir puisse être immédiatement établie.

Exercice des deuxième et troisième classes.

A midi et demi, il fait rappeler pour l'exercice des deuxième et troisième classes ; il fait ensuite faire un roulement, puis fait immédiatement l'appel et remet les classes au sergent ou caporal instructeur, en lui indiquant le nombre d'hommes ; il a soin d'y joindre les consignes et les hommes à la salle de police.

Si les classes sont tenues par des caporaux, il doit les surveiller pour le maintien de l'ordre et la régularité des leçons.

Corvée du souper.

A deux heures il fait battre pour la corvée du souper, et se rend à la cuisine, accompagné du caporal de semaine ; il veille à ce que ce dernier distribue le pain et les gamelles aux hommes de corvée et par ordre de numéro ; que le cuisinier serve le souper de chaque homme de garde, dans sa gamelle, et que l'homme de corvée les classe par poste et par ordre de course, sur son porte-gamelles ; il les fait partir avec ordre et veille à ce qu'il n'y ait pas de confusion, que les hommes de garde reçoivent bien leur pain et leur gamelle.

Il s'assure que les hommes de corvée sont dans la tenue indiquée et qu'ils sont propres.

Il fait ensuite porter le souper aux hommes détenus. Il donne pour consigne au sapeur qui portera le souper au poste de l'état-major du corps, de prendre le portefeuille au bureau des adjudants et de le lui remettre aussitôt sa rentrée à la caserne ; après l'avoir reçu, il le porte immédiatement chez l'officier de semaine, ensuite chez le capitaine et les autres officiers de la compagnie.

Souper.

Un quart-d'heure avant celle fixée pour le repas du soir, il s'assure que le cuisinier sert le souper dans les gamelles que les hommes ont dû mettre dans le casier destiné à cet usage.

Au roulement, il fait placer un factionnaire au réfectoire et s'y rend avec le caporal de semaine pour y maintenir l'ordre et veiller à ce que ce dernier fasse monter dans les chambrées le souper des hommes qui ne se sont pas rendus au réfectoire.

S'il y a des réclamations sur l'ordinaire, il en prévient l'officier de semaine.

Départ des détachements pour les théâtres.

Aux heures fixées par l'officier de semaine pour le départ des divers détachements, il fait rappeler ; fait l'appel des hommes de service, en passe l'inspection et rend compte à l'officier de semaine du résultat de l'appel.

Dans le cas où un homme aurait bu, il le ferait remplacer par la réserve, qui doit être présente à tous les départs.

S'il a été obligé de faire quelques changements dans le service, il en avertit le sergent-major, afin que la situation du soir soit rectifiée immédiatement.

Les sous-officiers de service sont inspectés par l'officier de semaine, qui leur donne ses instructions.

Retraite.

A l'heure fixée par la place, il s'assure que le tambour de service batte la retraite dans le quartier autour de la caserne, et qu'il soit dans la tenue ordonnée pour le service.

Appel du soir.

Une heure après la retraite battue, il fait faire un roulement, à la suite duquel il fait donner trois coups de baguette, et il se rend immédiatement avec le caporal de semaine
dans les chambrées pour y faire l'appel en présence de l'officier de semaine. Il fait connaître les escouades désignées pour
marcher en cas d'incendie ; il s'assure que les hommes désignés
retirent les chenilles des casques, placent sur la tablette à la
tête du lit, les vestes, pantalons, ceintures, et que les bottes
soient près du lit ; que les hommes désignés pour marcher en
armes retirent la baïonnette du fusil, desserrent la bretelle et
placent la giberne toute montée, et couverte, à côté de la
ceinture.

L'appel terminé, il accompagne l'officier de semaine au
corps-de-garde de police, pour voir les hommes qui sont arrivés pendant l'appel et qui ont dû attendre au poste. Il porte
sur la situation les noms des hommes manquants, vérifie la
situation, et fait faire, par le caporal de garde, l'appel des
hommes de garde.

Une heure après l'appel, il fait, accompagné du caporal de
semaine, une ronde dans les chambrées pour le maintien de
l'ordre, et s'assurer que tous les hommes sont couchés ; il prend
note du nombre d'hommes dans les chambrées, et s'il soupçonne qu'un homme a disparu ; il fait un contre-appel.

Cas d'incendie.

A moins de cas extraordinaire, il ne va pas au feu, il fait
préparer le matériel, il est présent au départ, afin de pouvoir rendre un compte exact du nombre d'hommes et du matériel sortis de la caserne.

Après le départ, il se tient au corps-de-garde de police pour
faire faire par le caporal et les hommes de garde les avertissements convenables, et faire exécuter les ordres de l'officier
qui commande sur le lieu de l'incendie, ou des officiers attendant à la caserne.

Si l'avertissement a lieu la nuit, il fait, sitôt après le départ des ordonnances, l'appel dans les chambrées pour s'assurer si tous les hommes désignés ont marché ou sont prêts à marcher, et si la section qui n'a pas dû être réveillée est restée intacte.

Si la pompe est conduite par les hommes de garde au quartier, il fait compléter le poste par des hommes de l'escouade désignée pour la première pompe.

Si l'incendie présente un caractère alarmant, il fait réveiller, après avoir reçu l'ordre de l'officier qui doit prendre la semaine, les hommes de la section restante ; il les fait mettre en tenue de feu, et les tient prêts à partir au premier ordre.

Si l'avertissement a lieu dans le jour, il tient consignés à la caserne tous les hommes qui, ne faisant pas partie du piquet, se trouvent présents, et tous ceux qui peuvent rentrer ; il prend les ordres de l'officier de semaine, fait disposer le matériel qui doit partir avec le piquet ; aussitôt après ce premier départ, il en organise un second avec les hommes qui restent à sa disposition, et en employant les hommes de garde, si cela est nécessaire, afin de diriger, sans retard, de nouveaux secours sur le lieu de l'incendie, si l'officier de semaine les lui fait demander. Pendant le jour il ne commande d'hommes en armes qu'après avoir assuré le service du matériel.

Le sergent de semaine prend note de l'heure du départ et de la rentrée de chaque détachement partiel, il examine le matériel, compte les agrès, etc. ; il reçoit les déclarations des chefs des détachements sur la détérioration des effets des sapeurs. Il les constate en présence des caporaux de garde et de semaine avant que les réclamants ne montent dans leurs chambrées.

Aussitôt que l'officier de semaine rentre, il lui rend compte des heures du départ et de la rentrée des détachements, des pertes et dégradations, tant du matériel que des effets des sapeurs.

Dans tout ce service, le sergent de semaine est aidé par le caporal de semaine.

Le service du sergent et du caporal de semaine est surveillé par l'officier qui doit entrer le premier en semaine et qui remplace l'officier de semaine pendant que celui-ci est absent pour l'incendie.

Un état des pertes et dégradations, tant du matériel que des effets des sapeurs, est dressé par le sergent de semaine, certifié par lui et par les deux caporaux de garde et de semaine, et transmis au commandant de la compagnie.

Cas d'absence.

Le sergent de semaine ne peut s'absenter de la caserne, même pour le service, sans l'autorisation de l'officier de semaine; s'il s'absente pour cause de service, il pourra être remplacé par le caporal de semaine; mais s'il a besoin de s'absenter pour son compte, ou pour un service salarié, il devra présenter un de ses collègues à l'officier de semaine, qui autorisera le remplacement, s'il le juge convenable.

Le sergent qui descend de semaine est chargé, pendant la semaine suivante, de prendre les renseignements sur la conduite des sapeurs qui ont éteint des feux de cheminée, ou des incendies qui n'ont pas nécessité la présence de l'officier de semaine.

SERGENT DE SECTION.

Chaque sergent, dans la demi-section à laquelle il est attaché, dirige, sous l'autorité de l'officier de section, les détails intérieurs des chambrées; il surveille la conservation et la tenue des effets.

Il appuie les caporaux de son autorité, les habitue à commander avec fermeté, mais sans brusquerie; il veille à ce qu'ils ne s'écartent jamais de l'impartialité et de la justice.

Quand un des deux sergents est absent, celui qui reste a la surveillance de toute la section.

Livret et Contrôle.

Le sergent de section tient un livret semblable à celui qui est prescrit pour les officiers, par l'article 92.

Il doit avoir en outre un contrôle de la compagnie pour suppléer le sergent-major dans les appels.

Surveillance des chambrées.

Il s'assure que les chambrées sont balayées tous les jours ; il veille à la conservation et au remplacement des affiches et étiquettes, ainsi qu'au maintien de l'ordre établi pour l'arrangement des effets ; il apporte une attention particulière à la bonne tenue des armes et de la buffleterie.

Le samedi, il fait mettre dans le plus grand état de propreté les effets de toute nature ; il fait balayer les chambres à fond et battre les couvertures et les matelas.

Tenue des chambrées.

Il veille à ce que les effets soient placés dans l'ordre suivant : que le nom et le numéro-matricule de chaque homme soient écrits sur une planchette placée au-dessus de la tête du lit, et qu'ils le soient en outre au râtelier d'armes, et entre les deux chevilles ou porte-manteau, sur une planchette de plus petite dimension.

La grande cassette fermant à clef, marquée au numéro-matricule, avec des vignettes de 3 centimètres (14 lignes), sur un carré long, peint en blanc, ayant 14 centimètres (5 pouces) de longueur, sur 7 centimètres (2 pouces 7 lignes) de large.

Cette cassette, renfermant tous les effets d'habillement, le linge, et enfin tous les objets propres, sera placée dessous le lit, le côté où est inscrit le numéro affleurant le pied du lit.

La petite cassette marquée de même, fermant avec un cadenas et renfermant toute la petite monture et le linge sale, sera placée dessous le lit à la suite de la grande cassette.

Le sac sans porte-manteau, les courroies roulées, et les bretelles renversées, sur la patelette, le blanc en dessus, placé sur la tablette, le derrière appuyé au mur.

Le chapeau, renfermé dans son étui, est placé sur la tablette, devant le milieu du sac.

Le casque, garni de sa chenille, posé sur la tablette, le derrière tourné vers le côté du sac.

Le sabre, suspendu par le baudrier à une des chevilles du porte-manteau à droite, regardant le lit.

La giberne, couverte, suspendue par le porte-giberne à l'autre cheville du porte-manteau, à gauche.

Le fusil, le chien abattu, garni de la baïonnette, du fourreau de baïonnette, de la pierre à feu et du bouchon, placé au râtelier d'armes, à la place indiquée par le nom de l'homme.

Les bottes et souliers, suspendus à des clous, placés à la tête du lit.

Il veille à ce que les tables, bancs, râteliers d'armes, tablettes et pieds de lit, soient cirés, et que tous les objets nécessaires à la tenue de la chambre et à l'utilité des hommes, soient en bon état.

Quand les localités ne se prêtent pas complètement à toutes ces dispositions, on s'en rapproche le plus possible; dans tous les cas, les chambres sont tenues uniformément dans l'ordre le plus favorable à la conservation des effets.

Propreté des hommes.

Il exige que tous les caporaux et soldats fassent faire à tous leurs effets les réparations nécessaires, qu'ils changent de linge le dimanche, qu'ils soient rasés trois fois par semaine et particulièrement les jours où ils doivent être de service; que les cheveux soient coupés fréquemment et tenus courts, surtout en été; que la moustache s'étende sans interruption sur toute la lèvre supérieure et qu'elle ne dépasse pas les coins de la bouche; que la mouche ne s'étende que jusqu'à la fossette du menton; que les favoris ne dépassent pas le coin de l'oreille; il doit en tout donner l'exemple lui-même.

Marque de tous les effets.

Le sergent de section veille à ce que tous les effets des hommes soient marqués par les soins du caporal d'escouade;

au moyen d'une vignette en cuivre présentant le numéro-matricule, ou avec des poinçons et de la manière suivante :

Habit. En première ligne, l'indication du trimestre et l'année de la distribution. (Cette indication sera faite par les soins du fourrier, sur tous les effets de drap, immédiatement après leur réception définitive par le commandant de la compagnie.)

En seconde ligne le numéro-matricule de l'homme, exemple :

1er. 44.

2974.

Cette marque sera apposée sur la doublure en toile, au bas, du côté gauche, à 120 millimètres (4 pouces 5 lignes) environ au-dessus du bord supérieur de la ceinture en basane.

Capote. De la même manière que sur l'habit, au devant, de gauche, à 150 millimètres (5 pouces 7 lignes) environ au-dessus de la ceinture et près du parementage vertical.

Veste, comme l'habit.

Pantalon de drap, mêmes marques. Les numéros placés sur la doublure de la ceinture gauche, à 50 millimètres (1 pouce 10 lignes) des boutonnières.

Bonnet de police. Le trimestre est le millésime en première ligne, le numéro-matricule de l'homme en seconde ; appliqués sur un morceau de toile fixé sous le turban, du côté gauche.

Pantalons de toile et de coutil. Le numéro-matricule de l'homme placé sur la doublure de la ceinture gauche, à 50 millimètres (1 pouce 10 lignes) des boutonnières.

Les *chemises*, au côté droit, à la hauteur de la poitrine, avec la vignette et de l'encre d'imprimerie.

Les *mouchoirs de poche et les gants*, avec du coton rouge, les numéros ayant un centimètre (4 lignes) de hauteur.

Les *cols*, sur la doublure en long et près de la boucle.

Les *bretelles* de pantalons, sur la doublure à la partie qui retombe sur la poitrine de l'homme.

La *ceinture*, avec la vignette en travers sur la doublure et du côté des boucles.

Les *bottes*, sur le haut de la tige, le long des tirants avec la vignette.

Le *casque*, sur le cache-nuque à la chute de la crinière, avec des poinçons de 5 millimètres (2 lignes).

La *crinière*, avec la vignette sur un petit carré de toile, cousu dessous la crinière.

Le *chapeau*, avec une étiquette en papier, collé dans le fond sur la coiffe.

L'*étui* de chapeau, le nom de l'homme écrit sur une étiquette collée au milieu de la face extérieure du couvercle.

Les *épaulettes*, sur la partie en cuir formant le corps de l'épaulette, avec des poinçons.

La *gamelle*, avec une plaque en fer-blanc, sur laquelle sont poinçonnés le nom et le numéro-matricule; cette plaque est soudée près du bord de la gamelle entre les deux anses; le couvercle poinçonné seulement au numéro matricule sur le milieu, près de l'anneau.

Le *fusil*, par l'armurier, au numéro d'armement, à la crosse du côté intérieur, à 25 millimètres (11 lignes) au-dessus de la plaque de couche.

La *baïonnette*, par l'armurier, au numéro d'armement, sur le talon, entre la douille et la branche, du côté opposé à l'échancrure.

La *baguette*, par l'armurier, au numéro d'armement, près du gros bout.

Le *sabre*, par l'armurier, au numéro d'armement, sur la monture du côté intérieur, au bas de la poignée.

Le *fourreau* de baïonnette, sur la chape, au moyen d'un poinçon.

La *giberne*, aux fers chauds sur le coffret, dessous la patelette, et du côté de la martingale, au numéro de la matricule.

Le *couvre-giberne*, avec la vignette et de l'encre rouge, sur le pli qui couvre l'intérieur du bord de la patelette de la giberne.

Le *porte-giberne* et le *baudrier de sabre*, au numéro-matricule en dedans avec des fers chauds, sur le milieu des buffleteries et à l'endroit où se croise le fourniment par derrière l'homme.

La *bretelle*, du fusil, aux fers chauds, à l'intérieur, sur la partie qui appuie entre la capucine et la grenadière.

Le *havresac*, sur une des bretelles, près de la jonction, aux fers chauds.

Les *trois courroies*, à l'intérieur et au milieu de la longueur.

Le *porte-manteau*, garni de sa boîte, marqué le long de la couture, avec la vignette, sur la partie qui pose sur le sac.

Le *porte-manteau* qui sert pour le service journalier, sera marqué intérieurement, au milieu de la longueur et près de l'ouverture.

Serre-tête, bonnet de coton, *Trousse* en drap, avec la vignette; tout le reste de la petite monture avec des poinçons, les fioles avec des étiquettes en papier, collées dessus, et tout au numéro matricule.

Rassemblement de la compagnie.

Toutes les fois que la compagnie doit s'assembler, le sergent de section se rend de bonne heure dans les chambrées de sa section, et veille à ce que les hommes s'apprêtent; il est responsable de leur tenue envers l'officier de section.

Assemblée et Rapport à l'officier de section.

A neuf heures, après l'assemblée battue, le sergent se rend dans sa section pour y recevoir le rapport des caporaux d'escouade, et il fait verbalement son rapport à l'officier de section; lorsque celui-ci est présent au quartier, il l'informe des mutations journalières, des pertes ou dégradations d'effets, ainsi que des réparations à faire. Il prend ses ordres, avant de demander au sergent-major les bons nécessaires.

Prêt.

Le jour du prêt, il est présent et fait l'appel de sa section chez le sergent-major, lorsque celui-ci fait la solde. Il peut demander quelques éclaircissements sur l'ordinaire, s'il le croit nécessaire, dans l'intérêt de la troupe; la solde étant reçue, il se rend dans les chambres de sa section pour veiller à ce que les caporaux donnent bien à chacun des hommes ce qui lui revient, et pour les aider à faire leur compte, s'ils se trouvent embarrassés; il signe le bordereau après les caporaux, pour certifier qu'il n'y a pas eu d'erreur, et le remet au sergent-major.

Sergent de service dans un théâtre.

Le sergent doit, en partant de la caserne avec son détachement, se rendre directement et en ordre à l'établissement pour lequel il a été commandé. Etant arrivé, il désigne les hommes qui doivent occuper les différents postes dans l'intérieur du théâtre; il commande au caporal de représentation d'aller les poser en faction, de leur faire répéter leur consigne, de leur faire connaître la bascule de la sonnette, et enfin de leur faire essayer les boisseaux. Les autres sapeurs restent près des pompes; et le caporal les rejoint après avoir fait la pose. Pendant ce temps, le sergent, se faisant accompagner par le caporal de grand'garde, va essayer les bornes-fontaines et s'assurer que les robinets qui alimentent les réservoirs inférieurs sont en charge; il envoie ensuite le caporal de grand'garde occuper le poste du théâtre, et il lui donne l'ordre de faire sonner à tous les postes, mais successivement, afin d'être bien assuré que la correspondance est en bon état. Le sergent monte ensuite visiter les réservoirs supérieurs; il fait manœuvrer les pompes jusqu'à ce que l'eau arrive, et ne fait

cesser que lorsque les réservoirs sont pleins ; il laisse les colonnes en charge pendant la représentation.

Après avoir fait cesser la manœuvre, il passe dans tous les
postes pour s'assurer des consignes et remarquer s'il ne s'est
pas manifesté des fuites dans la longueur des conduits ; il
descend jusqu'auprès des pompes, pour recevoir les observations du caporal qui dirige la manœuvre, et s'assurer que ce
caporal a fait remplir les réservoirs inférieurs après la manœuvre ; le tout doit être terminé avant le lever du rideau.

APPAREIL-GUÉRIN.

Dans les théâtres où il se trouve une colonne de chute à
compression d'air, connue sous le nom d'*appareil-Guérin*, le
sous-officier de service doit, pour s'assurer que cet appareil
est en charge, monter près des deux réservoirs supérieurs, où
se trouve placé un manomètre servant à faire connaître à quel
degré l'air est comprimé dans l'appareil.

Dans le cas où il se serait manifesté une fuite d'air assez
considérable pour que l'appareil ne soit plus en charge, il en
ferait mention sur son rapport, et, jusqu'à ce qu'il soit re-
chargé, il pourra s'en servir comme d'une colonne de chute
ordinaire.

A moins qu'il n'ait une parfaite connaissance des moyens
qu'on doit employer pour comprimer l'air dans l'appareil, il
ne devra pas se charger lui-même de cette opération.

Le sergent ne doit, sous aucun prétexte, sortir de l'établissement pendant la durée du spectacle ; il doit rester sur le
théâtre, notamment pendant la mise en état ; il doit, dans le
courant du jeu, visiter les factionnaires et faire remplacer et
punir celui qui serait endormi ou qui négligerait, d'une manière quelconque, la surveillance qu'il doit exercer ; si un factionnaire se trouve indisposé, il le fait remplacer immédiatement ; s'il est pressé par un besoin, il charge le factionnaire

le plus à portée de surveiller momentanément ; si enfin le factionnaire est isolé, le sergent peut l'autoriser à s'absenter, mais il doit rester un moment à son poste.

Il va aussi quelquefois au corps-de-garde s'assurer de la présence des hommes, veiller à ce qu'ils ne fassent pas trop de bruit, afin qu'ils entendent les sonnettes, si on devait manœuvrer ; il veillera avec soin à ce que l'on ne joue pas à l'argent ; le caporal commandant le poste en est responsable et encourrait une punition très-sévère s'il laissait jouer.

Le sous-officier de service doit, en arrivant, s'il ne connaît pas la pièce que l'on doit jouer, s'entendre avec le machiniste pour savoir s'il y a de l'artifice ou des effets de lumière qui nécessiteraient une surveillance particulière : il prend alors les dispositions qu'il juge convenables, soit en indiquant au factionnaire le plus près le point qu'il faut surveiller, ou en exerçant lui-même cette surveillance, ou enfin en y plaçant un nouveau factionnaire pris sur les hommes du poste. Mais s'il aperçoit que cet effet de lumière, ou détonnation d'artifice, est disposé de manière à présenter quelques dangers, il en avertit le commissaire de police de service, ou son suppléant, en le priant de donner des ordres en conséquence, afin d'éviter toutes discussions avec les employés du théâtre.

Le sergent rend compte à l'officier de ronde de tout ce qui s'est passé de remarquable dans la soirée, de l'état du matériel, du nombre d'hommes de service et de la quantité de factionnaires ; l'officier s'en assure et visite le matériel s'il le juge convenable, le sergent l'accompagne jusqu'à son départ.

La représentation terminée et les lumières éteintes, le sergent doit faire une ronde dans les dessous du théâtre, accompagné du caporal de grand'garde. Avant son départ pour cette ronde, il fait prévenir le caporal qui est resté à la cave, de monter dans les cintres pour relever les factionnaires, y faire une ronde et faire établir les colonnes de chute.

La ronde des dessous étant terminée, le caporal de grand'-

garde établit les colonnes de chute au théâtre, et fait placer un seau plein d'eau, une éponge et une hache à l'avant-scène.

Le sergent réunit alors son détachement, et, après avoir remis la surveillance du théâtre au caporal de grand'garde, ainsi que le matériel en compte, il fait faire *par le flanc droit*, et rentre à la caserne.

Devoir du Sous-Officier en cas d'incendie.

Les sous-officiers marchent, autant que possible, avec leur section pour le service d'incendie, et surtout la nuit. Ils sont désignés à l'appel du soir ; le sergent de semaine leur remet, ou fait remettre par le caporal de garde, la liste des hommes présents et qui doivent marcher avec eux, afin d'en faire l'appel, au besoin, sur le terrain.

Les sections marchent chacune à leur tour pour l'incendie, afin que le sergent-major et le fourrier puissent participer à ce service ; ils sont attachés chacun à une section, et prennent leur tour pour le service armé et les remplacements nécessités par le service de garde et de semaine.

Tant qu'il y aura sept sous-officiers par compagnie, le sergent-major marchera au feu en remplacement du sergent de semaine, lorsque celui-ci aura dû être désigné.

Ordre pour les départs.

On doit distinguer deux sortes de départs pour les avertissements de nuit.

Premièrement, lorsque l'avertissement fait connaître que le feu est dans un quartier rapproché de la caserne, ou qu'il n'y a pas de secours.

Deuxièmement, lorsque le feu est éloigné du quartier et qu'il y a déjà des secours.

Dans le premier cas, une pompe doit partir de suite, conduite par une partie de la garde de police, comme il est dit au devoir du caporal de garde ; alors le sous-officier, qui était désigné pour marcher avec la première pompe, se rend directement au lieu de l'incendie.

La seconde pompe et les tonneaux ne devant sortir que sous les ordres de l'officier de semaine ou de celui qui le remplace, le sous-officier qui les commande reste dans la cour avec les hommes auxquels il fait prendre les postes.

Le sous-officier désigné pour marcher en armes réunit son détachement, et, après avoir pris les ordres de l'officier, il se rend au lieu de l'incendie pour rejoindre la première pompe, ou il marche en tête de la deuxième pompe. Ce sous-officier sera en sabre avec le baudrier, n'aura ni fusil ni giberne, mais il devra avoir ses épaulettes sur sa veste, et le casque sans chenille.

Dans le deuxième cas, les hommes de garde au quartier ne devant pas aller au feu, sortent le matériel dans la cour et le placent comme il est indiqué au devoir du caporal de garde.

Les sous-officiers se placent à côté de chaque pompe ; celui qui est en armes se place devant son détachement en ordre de colonne, et l'officier de semaine prend alors le commandement de toute la colonne.

Si, par la nature de l'incendie, la section de repos était obligée de marcher, les sous-officiers qui y sont attachés se réuniraient à elle et se conformeraient aux ordres de l'officier qui commande à la caserne.

Toute section éveillée pour marcher au feu, et qui s'est préparée au départ, est supposée avoir marché.

Si l'avertissement a lieu dans le jour, comme on ne peut exiger des sous-officiers qui ne sont pas de service de rester chez eux, l'ordre du départ ne peut pas être fixé d'une manière régulière. Mais lors d'un avertissement, ceux qui se trouvent à la caserne doivent descendre immédiatement dans la cour, et le premier arrivé rejoint la première pompe ; les autres partent successivement et suivant le besoin, de manière que chaque pompe soit, autant que possible, commandée par un sous-officier.

A défaut de sous-officiers, le commandement est confié au plus ancien des caporaux présents.

Le sous-officier étant en ville et ayant connaissance d'un incendie, doit se rendre immédiatement à sa caserne, à moins qu'il ne soit en tenue et qu'il se trouve plus rapproché du lieu de l'incendie ; dans ce cas, il s'y rend directement, et, s'il n'y a pas d'officier, il prend le commandement jusqu'à son arrivée, ensuite il se range sous ses ordres.

Lorsque deux sergents se trouveront ensemble à un incendie où il n'y aurait pas d'officiers, le plus ancien en grade aura le commandement, mais il devra réclamer immédiatement la présence d'un officier, lorsqu'une pompe aura manœuvré.

Si, par une raison quelconque, l'officier de semaine était remplacé par le sergent-major, celui-ci pourrait conserver le commandement ; mais si l'incendie nécessitait la manœuvre de deux pompes, il devrait réclamer la présence d'un officier soit à l'état-major du corps ou à la caserne la plus rapprochée du lieu de l'incendie.

Devoir des Sous-Officiers en arrivant à un incendie, étant partis de la caserne avec un officier.

A l'arrivée sur le lieu d'un incendie, les sous-officiers doivent accompagner l'officier lorsqu'il fait la reconnaissance, afin d'entendre ses observations et recevoir ses ordres.

Si l'officier a reconnu la nécessité de mettre une ou plusieurs pompes en manœuvre, il indique les points sur lesquels les secours doivent être dirigés ; les sous-officiers s'en occupent immédiatement.

Ils doivent désigner, dans leur détachement, un caporal et deux servants pour faire les établissements ; les autres restent aux pompes pour les alimenter et les manœuvrer, à moins que l'officier n'en désigne une partie pour d'autres fonctions. On n'emploie les bourgeois à la manœuvre de la pompe que lorsque les sapeurs de l'escouade sont insuffisants.

Chaque sous-officier, dans son détachement, surveille l'établissement et le placement de la pompe, dirige le caporal sur la partie de l'incendie dont l'attaque lui a été confiée, lui indique les points sur lesquels il faut porter les premiers secours. Il ne tient pas la lance, elle doit être tenue par le caporal qui a fait l'établissement, qui est remplacé, au besoin, par un autre caporal ou par un ancien sapeur. Il veille à ce qu'aucun homme ne s'écarte de son poste sans son ordre, et à ce que les sapeurs conservent, autant que possible, le calme et le silence nécessaires pour que les secours soient bien efficaces.

Le sous-officier veillera à ce que les hommes qui ont conduit le tonneau le dirigent près de la pompe aussitôt qu'elle aura été mise à terre, et que le robinet soit tourné vers la bâche, du côté opposé à la sortie, afin d'alimenter la pompe plus facilement. Lorsque le tonneau sera vide, ils iront le remplir, le ramèneront et continueront tant que le besoin l'exigera et sous la surveillance du sous-officier de police. Cinq hommes devront suffire pour ce service; l'excédant restera près de la pompe pour aider à la manœuvrer.

Pendant la reconnaissance, le sous-officier qui commande le détachement armé place des factionnaires pour empêcher l'encombrement des curieux et les déménagements inutiles.

Il fait prendre dans les coffrets les clefs des bornes-fontaines, et fait ouvrir celles dont on doit faire usage. Il est chargé de la police tout le temps que dure l'incendie ; il fait arrêter et conduire près du commissaire de police les gens qui emporteraient des paquets ou qui lui paraîtraient suspects; il dirige les tonneaux du corps et ceux de porteurs d'eau sur les points où l'eau est le plus nécessaire, et les fait retirer dès qu'ils sont vides, afin d'éviter l'encombrement ; dans la nuit, il fait placer des lumières aux points où l'on prend l'eau et auprès des pompes ; il fait former des chaînes et leur distribue des seaux.

Il fait établir un parc à l'endroit le plus propice, et il y fait déposer les charriots des pompes qui sont en manœuvre, les échelles, les cordages, les flambeaux, les seaux, et enfin tout le matériel qui ne sert pas et celui qui serait hors de service, et il y fait placer un factionnaire.

Un sous-officier, arrivant avec du matériel à un incendie pour lequel une ou plusieurs pompes seraient déjà établies, doit faire arrêter son détachement à cinquante pas, et ne disposer de ses secours qu'après avoir pris les ordres de l'officier qui commande ; il en sera de même pour les chefs des détachements qui viennent des casernes pour relever les hommes fatigués.

Un sous-officier chef de détachement ayant reçu l'ordre de se retirer, doit remporter son matériel ou la même quantité, à moins que l'officier n'ait jugé nécessaire d'en disposer en tout ou partie ; de retour à sa compagnie, il prévient le sergent de semaine des changements survenus dans le matériel. Il en sera de même lorsqu'après la reconnaissance faite, l'officier aura jugé l'inutilité de mettre plusieurs pompes en manœuvre.

DEVOIRS DU FOURRIER.

Les fourriers des quatre compagnies alternent pour le service de la place, et font ce service successivement pendant une semaine chacun, la semaine de service commençant le dimanche.

Le fourrier est spécialement chargé de la surveillance de la literie et de sa conservation ; en conséquence, il passe, le 1er de chaque mois, l'inspection des couvertures, traversins, matelas, paillasses, etc., afin de reconnaître les dégradations qui pourraient provenir de la faute ou de la négligence des hommes ; il dresse un état de ces dégradations, s'il y a lieu, remet cet état à l'officier chargé de surveiller la literie, qui le transmet au capitaine, lequel l'adresse au fournisseur de la literie. Le capitaine fait conduire en même temps par le fourrier, près de ce fournisseur, les hommes qui ont fait des dégradations, afin que le prix des réparations puisse être immédiatement débattu entre les parties intéressées.

Lorsqu'un homme part pour l'hôpital, en congé ou en dé-tachement, le fourrier passe l'inspection de sa literie, afin de constater les dégradations qui auraient pu être faites depuis sa dernière inspection.

Le fourrier est chargé, sous la surveillance du sergent-ma-jor, de la tenue de la main-courante, et fait toutes les écri-tures, bons et états relatifs à la comptabilité de la compa-gnie.

Il remet, le matin, au sergent-major, la situation de la veille ainsi que le compte-ouvert, où toutes les mutations doi-vent être enregistrées; cette situation est soumise à la signa-ture du capitaine, après vérification faite.

Il remplace, au besoin, le sergent-major pour la confection et l'envoi du rapport journalier.

Tous les dix jours, il établit la feuille de prêt et le borde-reau; il remet le tout au sergent-major la veille du prêt, à l'heure du rapport.

Ces pièces sont soumises à la signature du capitaine, après vérification faite sur le registre destiné à l'enregistrement des feuilles de prêt.

Il vise tous les jours les cahiers d'écriture des hommes qui descendent la garde (des petits postes); à cet effet, les hommes déposent leurs cahiers au corps-de-garde où ils sont réunis par le caporal de garde, qui les remet au fourrier. Ce sous-officier remet les cahiers entre les mains des hommes, le len-demain matin au réveil.

Le fourrier prend note des hommes qui n'ont pas écrit pen-dant leur garde et en remet la liste au sous-lieutenant.

Il assiste aux exercices de détail et aux manœuvres, à l'appel de la garde et aux inspections du dimanche, à moins qu'il n'ait obtenu du capitaine ou de l'officier de semaine la permission de ne pas s'y trouver, pour cause d'occupation pressée relative à son service spécial.

Il fait connaître au caporal de semaine le nombre d'hommes à fournir pour les corvées ; il aide à leur rassemblement, les conduit aux lieux de distribution et reçoit les distributions; il est responsable de toute erreur, ramène au quartier les hommes de corvée, et fait la répartition des objets qu'il a reçus.

Il établit, tous les mois, la demande d'effets d'habillement, de grand et petit équipement, etc., d'après les états des officiers de section, et visés par le capitaine. Cette demande est envoyée, le 5 du mois, à l'officier chargé de l'habillement; sous aucun prétexte il ne fait de bons particuliers sans y être autorisé par le capitaine. Il inscrit sur la main-courante et sur le livret, *en présence de l'homme*, la date, la nature et le prix de l'effet remis à l'homme, et lui rend immédiatement son livret.

Cette inscription doit être faite dans les 24 heures qui suivent la réception qui a eu lieu au magasin d'habillement; en sorte que la main-courante et les livrets soient toujours à jour.

Il est responsable de la tenue régulière du registre d'ordres; les ordres nouveaux sont transcrits par lui le jour même de leur réception, après quoi il présente le registre aux officiers de la compagnie, dont la signature prouve qu'ils en ont pris connaissance.

Il est présent à la garde montante et est chargé de la lecture des ordres devant la troupe.

Il est exempt du service de semaine dans la caserne, et ne monte point de garde à l'état-major, mais il fait du service salarié comme les autres sous-officiers, excepté pendant les dix derniers jours du trimestre et les dix premiers du trimestre suivant.

Il est classé dans la première section, pour marcher à son tour en cas d'incendie.

Il est présent aux inspections.

Le premier jour du trimestre, le fourrier va chez le trésorier pour collationner les mutations sur la feuille de journée; qu'il termine ensuite, et en fait l'envoi le 5 du mois, après avoir inscrit le nombre de journées pour chaque homme sur le compte ouvert (ou main-courante).

Il règle ensuite avec l'officier chargé des détails de l'habillement; puis il établit le compte de chaque homme sur le compte-ouvert; fait la feuille de décompte et l'envoie, le 15, chez le trésorier avec toutes les pièces qui s'y rattachent.

Il retire ensuite tous les livrets pour les régler, il les remet chez le capitaine avec le compte-ouvert, afin qu'il puisse vérifier l'exactitude des comptes et signer les livrets, qui sont remis immédiatement aux hommes.

Le jour du décompte (c'est-à-dire le 22 du mois), les hommes se rendent au bureau de la compagnie avec leurs livrets; là, en présence du capitaine, du sergent-major et du fourrier, il signe sur le compte-ouvert comme reconnaissant l'exactitude de leur compte, après toutefois leur en avoir fait connaître les détails. Ceux qui ont un excédant de masse le touchent en même temps.

DEVOIRS DE L'AIDE-FOURRIER.

Le caporal aide-fourrier remplit habituellement les fonctions de secrétaire au bureau de la compagnie, où il est chargé des écritures relatives aux détails de service, telles que listes de service, situation, etc., et il est, à cet effet, mis à la disposition du sergent-major.

Il remplace le fourrier et remplit ses fonctions lorsque ce dernier est absent.

A la fin de chaque trimestre, et 20 jours avant la solde du

décompte, il est plus particulièrement mis à la disposition du fourrier, pour le seconder dans ses écritures, s'il y a lieu.

Il assiste aux exercices de détail et aux manœuvres, à moins qu'il n'ait obtenu la permission de ne pas s'y trouver pour cause de travail pressé au bureau.

Il reçoit, *le matin*, le portefeuille venant de l'état major, le porte immédiatement chez l'officier de semaine, et ensuite chez le capitaine et les autres officiers de la compagnie.

Il est présent aux inspections.

Il est exempt de tout service de garde, de semaine à la caserne; mais cela ne le dispense pas de ses devoirs comme chef de chambrée et d'escouade. Il ne fait de corvées que celles qui sont relatives au devoir du fourrier.

Il lui est alloué quinze représentations par mois, qu'il fait un mois dans une série et un mois dans l'autre, afin de ne pas toujours surcharger la même.

Ce caporal étant retenu une grande partie de la journée, soit avec le sergent-major, soit avec le fourrier, il lui est accordé une permission d'onze heures du soir toutes les fois qu'il n'est pas employé aux théâtres, mais il ne lui est pas permis de changer ses jours de service pour profiter de cette permission. Il ne doit pas non plus adopter un seul théâtre pour faire ses représentations; il doit passer successivement dans tous ceux dont le service est fourni par la compagnie.

DEVOIRS GÉNÉRAUX.

CAPORAUX D'ESCOUADE.

Les caporaux doivent donner l'exemple de la bonne conduite, de la subordination et de l'exactitude à remplir leurs devoirs.

Ils surveillent les soldats et tout ce qui tient au bon ordre et à la tranquillité publique; ils sont particulièrement chargés de tout ce qui est relatif au service, à la tenue, à la police et à la discipline de leur escouade.

Ils doivent user, au besoin, des moyens de répression que le règlement leur accorde, et, si ces moyens sont insuffisants, en appeler à l'autorité de leurs supérieurs; mais ils ne doivent jamais oublier que la manière la plus sûre de se faire respecter et obéir, est de se conduire envers leurs subordonnés avec fermeté et douceur, sans familiarité ni brusquerie.

Le jour du prêt, les 2, 12 et 22 de chaque mois, après l'assemblée, ils reçoivent du sergent-major, pour les hommes de leur escouade, les centimes de poche du prêt échu, il ne peut y être fait d'autre retenue que celle qui est prescrite pour les hommes punis, pour les hommes qui n'ont pas leur masse complète, et pour ceux qui ont obtenu des permissions dans la dizaine. La solde terminée, ils signent le bordereau de l'escouade et le remettent au sergent-major.

Ils forment les recrues de leur escouade aux détails du service intérieur; ils leur enseignent la manière d'entretenir, dans le plus grand état de propreté, leurs armes et leurs effets d'habillement, d'équipement et de petite monture.

Ils alternent dans chaque compagnie pour le service de semaine, et roulent dans leurs séries pour les gardes, les plantons et les corvées.

Ils sont exempts des corvées de quartier, de chambre et de soupe.

Logement et Casernement.

Le caporal loge avec les hommes de son escouade. En prenant son escouade, il reconnaît avec le fourrier le nombre, l'espèce et la qualité des objets de casernement qui y sont affectés, et veille à leur conservation. Le fourrier en dresse l'état, le caporal le signe avec lui.

Soins de propreté individuelle. — Hommes de service.

Il veille à ce que les soldats se nettoient la tête, et se lavent le visage et les mains. Il fait faire les lits, et mettre tous les effets dans l'état de propreté et d'arrangement prescrit.

Il fait préparer les hommes commandés de service, et ceux qui sont désignés pour les classes d'instruction.

Effets prêtés. — Visite des cassettes.

Il s'oppose à ce que les soldats se prêtent leurs effets d'habillement, de grand et petit équipement et d'armement.

Quand il soupçonne un homme d'avoir vendu des effets, ou d'en recéler de perdus ou volés, il prévient le sergent-major, ou, à son défaut, le sergent de semaine, qui visite aussitôt les cassettes de cet homme, en présence du caporal et d'un soldat.

Entretien du linge et de la chaussure.

Il veille à ce que le linge soit raccommodé après le blanchissage, et à ce que la chaussure soit constamment en bon état.

Cas d'absence.

En l'absence du caporal d'escouade, le caporal de la même série, et dont le lit est plus rapproché, le remplace.

CAPORAL DE CHAMBRÉE.

Le plus ancien des caporaux présents dans la chambre est responsable de la police.

Devoirs au lever.

Au réveil, il fait lever les hommes de la chambrée et découvrir les lits; il fait ensuite ouvrir les fenêtres pour renouveler l'air, rend compte du nombre d'hommes au sergent de semaine, lorsque celui-ci fait l'appel du matin.

Il lui donne les noms des malades. Dans un cas grave, il va lui-même chercher le chirurgien. Pendant la nuit, il avertit le caporal de garde, qui envoie appeler le chirurgien par un homme de service. Dans les casernes où il n'y a pas de chirur-

gien, il avertit l'officier de semaine, qui envoie une ordonnance prise sur la garde de police; et, dans un cas grave, il
fait appeler un médecin ou chirurgien dans le voisinage.

Soins de propreté de la chambrée.

Un homme de corvée, commandé à tour de rôle parmi ceux
de la chambrée, nettoie la table, les bancs; balaie la chambre,
dépose les ordures dans le corridor, et enlève la poussière sur
le râtelier d'armes et sur la planche à pain.

Police des chambrées.

Le caporal de chambrée réprime tout ce qui se fait ou se
dit contre le bon ordre; il fait cesser les jeux lorsqu'ils occa-
sionnent des querelles; il fait coucher les hommes ivres, et,
lorsqu'ils troublent l'ordre, il charge des hommes de la chambrée, et, au besoin, des hommes de garde, de les conduire à
la salle de police.

Il empêche de fumer au lit, de battre les habits dans les
chambres, de se servir des draps ou des couvertures pour s'es-
suyer, et de retirer de la paille des paillasses; il s'oppose à ce
que les soldats se couchent sur les lits avec leurs souliers ou
bottes; il veille à ce qu'ils ne placent aucun effet entre la
paillasse et le matelas.

Rapport.

Il rend compte au sergent de semaine, et à celui de la subdivision, des punitions qu'il a infligées, et de tout ce qui inté-
resse le service et la discipline.

En cas d'événement imprévu, tel que désertion, duel, vol,
il en informe sur-le-champ un des sergents de la section, et,
à leur défaut, le sergent de semaine ou le sergent-major, qu
en rend compte de suite à l'officier de semaine.

Tenue des chambrées.

Le nom de chaque caporal, sapeur ou tambour, est écrit,
avec son numéro matricule, sur une planchette placée à la

tête de son lit, sur l'épaisseur de la tablette ; il est écrit au râtelier d'armes, ainsi que le numéro d'armement, il est inscrit
de même entre les deux chevilles sur lesquelles le fourniment
de l'homme est suspendu. Le numéro-matricule est inscrit sur
la partie de la cassette qui affleure le pied du lit.

Le caporal place ses effets, et fait placer ceux des sapeurs,
de la manière suivante :

Les deux cassettes sous le lit , la grande cassette affleurant
le pied.

Les effets d'habillement, de linge et chaussure , pliés soi-
gneusement et renfermés dans la grande cassette du modèle
adopté.

Le sac sur la première planche, au-dessus du lit, les petites
courroies roulées dessus, les bretelles retombant sur le devant
du sac.

Le casque, avec sa chenille , posé sur la même planche, le
derrière vers le sac.

Le chapeau dans son étui , placé en avant du sac.

Les bottes accrochées , après avoir été nettoyées , derrière
la tête du lit.

Le fusil au râtelier, le chien abattu, et garni d'une pierre
à feu, de sa bretelle, de sa baïonnette dans son fourreau , le
bouchon du fusil au bout du canon.

Les gibernes couvertes, suspendues à des chevilles par leur
banderole, les sabres par leur baudrier.

A l'appel du soir, et lorsque l'escouade est désignée pour
marcher au feu, le caporal veille à ce que les hommes placent
le pantalon (bleu ou gris, suivant la tenue), la veste et la ceinture sur la planche, à côté du casque, qui sera dégarni de sa
chenille ; une paire de bottes sera placée devant le lit.

L'escouade désignée pour marcher en armes devra, de plus,
desserrer la bretelle du fusil, retirer la baïonnette et disposer
sa giberne.

Visites d'Officiers.

Quand un officier entre dans une chambre, le caporal ou le plus ancien sapeur commande : *Fixe !* les soldats se lèvent, se découvrent, s'ils sont en bonnet de police, gardent le silence et l'immobilité jusqu'à ce que l'officier soit sorti, ou qu'il ait commandé : *Repos !* Si c'est un officier supérieur, il commande : *A vos rangs !* les soldats se placent au pied de leurs lits ; lorsqu'ils y sont, il commande *Fixe !*

Devoirs à l'appel du soir.

Le caporal de chambrée indique à haute voix le nombre d'hommes présents à l'officier de semaine ou au sergent-major, lorsqu'il passe dans les chambrées pour y faire l'appel du soir.

Il empêche les sapeurs de se servir de leur bonnet de police pour la nuit, ils doivent avoir un serre-tête ou un bonnet de coton ; il s'assure que l'homme de corvée a rempli la cruche d'eau, que les effets sont disposés pour un prompt départ pour l'incendie, si l'escouade est désignée pour marcher. S'il s'aperçoit qu'un homme soit sorti après l'appel, il en rend compte sur-le-champ au sergent de semaine.

Soins de propreté le samedi et le dimanche.

Le samedi matin, un quart-d'heure après le réveil et à la batterie qui en donne le signal, le caporal fait battre les couvertures ; dans la journée, il fait blanchir des buffleteries, nettoyer les armes et mettre tout dans le plus grand état de propreté pour l'inspection du lendemain.

Le dimanche, après l'appel du matin, il reçoit le linge blanc du caporal de semaine, et signe le livret de blanchissage ; il s'assure que tous les sapeurs mettent une chemise blanche ; il veille également à ce qu'ils se lavent les pieds au moins une fois par semaine.

Linge reçu et donné au blanchissage.

Le lundi matin, il fait réunir le linge sale par l'homme de

corvée et le remet au caporal de semaine, avec le livret de blanchissage, sur lequel il a bien soin d'indiquer le numéro-matricule qui doit être sur le linge de l'homme.

Cas d'absence.

En l'absence du caporal de chambrée, et à défaut d'un autre caporal logé dans la même chambre, son autorité et sa responsabilité passent au plus ancien sapeur.

CAPORAL DE SEMAINE.

Le caporal de semaine est chargé de réunir les hommes pour les corvées et les distributions, d'aider le sergent de semaine dans la réunion des classes d'instruction; il assiste à tous les appels; il est habituellement chargé de conduire à la salle de police les hommes qui y sont condamnés, de les en faire sortir pour le service, l'instruction ou les corvées, et de les y faire rentrer ensuite.

Il s'oppose à ce qu'il soit porté aux détenus des vivres autres que ceux de l'ordinaire, que l'on ne leur passe ni pipe, ni tabac, ni vin, ni eau-de-vie.

Il empêche les sapeurs de communiquer, pendant le jour, avec les détenus.

Il visite, avec le sergent de semaine, les salles de police matin et soir, fait vider les baquets, balayer et renouveler l'eau dans les cruches.

Il veille à la police de la cuisine, il assiste aux réceptions de viandes, pains, légumes, etc.; s'assure, ainsi que le planton, que le cuisinier prépare les denrées dans les proportions exigées par le règlement sur l'ordinaire; il fait connaître au planton les distributions qui doivent être faites aux hommes commandés de service extraordinaire et dont les aliments doivent être servis à d'autres heures que celles fixées pour les repas.

Il est chargé de faire tous les achats qui, en dehors de la nourriture, doivent être à la charge de l'ordinaire; il paie toutes les dépenses qui sont supportées en commun. A cet effet, il reçoit du sergent-major les fonds nécessaires et en certifie l'emploi en signant le compte de l'ordinaire.

Le samedi, il reçoit du blanchisseur le linge blanc de la semaine précédente. Le dimanche matin, au réveil, il le distribue aux caporaux de chambrée et leur fait certifier la livraison, et le lundi matin, également au réveil, il reçoit des caporaux le linge sale et le livret de l'escouade, et le remet au blanchisseur qui doit venir dans la journée.

Propreté du quartier et service journalier.

Au réveil, il accompagne le sergent pour faire l'appel.

Une demi-heure après, il fait l'appel des consignés et des hommes de corvée, et leur fait faire la corvée de quartier.

Un quart-d'heure avant le roulement de la soupe, il se rend à la cuisine pour s'assurer que l'on prépare la distribution de la soupe.

Il fait ensuite porter la soupe à tous les détenus en même temps. Le sergent de semaine lui confie, pour ce service, les clefs des salles de discipline.

Au roulement de la soupe, il se rend au réfectoire et fait connaître les permissions d'appel qui ont été accordées.

Au rappel de la garde montante, il place le pain et les gamelles des hommes de garde dans les cases à ce destinées; il conduit les hommes de garde montante à l'état-major, et ramène ceux descendants; à son retour, il remet le mot d'ordre à l'officier de semaine; il se trouve au repas de la garde descendante.

A l'heure fixée par l'officier de semaine, il réunit les hommes de corvée, en fait l'appel, leur distribue les sacs, le pain et les gamelles, poste par poste, et veille à ce que ni le pain, ni les gamelles ne soient changés. Il fait ensuite porter le souper aux détenus.

Il assiste au souper, puis ensuite descend à tous les appels pour les départs des théâtres.

A l'appel du soir, il fait, avec l'officier et le sergent de semaine, l'appel dans les chambrées, et le contre-appel dans la soirée, entre l'heure de l'appel du soir et la rentrée des théâtres.

Il est exempt de garde et d'exercice, mais il assiste à tous les appels et ne peut sortir du quartier, même pour le service, sans l'autorisation du sergent de semaine.

CONSIGNE GÉNÉRALE POUR LA GARDE DE POLICE.

Il y a toujours au quartier une garde de police dont la force est déterminée suivant les localités ; elle défile au quartier.

Elle ne reçoit de consignes verbales et journalières que du commandant, du capitaine et de l'officier de semaine ; elle n'en reçoit d'écrites et de permanentes que du commandant du corps.

Les devoirs généraux, prescrits par l'ordonnance sur le service des places, sont applicables à la garde de police.

La consigne générale, pour la garde de police, est affichée dans le corps-de-garde.

DEVOIRS DU CAPORAL DE GARDE.

Le caporal est responsable de la ponctualité avec laquelle les sentinelles sont relevées et remplissent leurs devoirs ; il leur fait souvent répéter leur consigne ; il est chargé, sous les ordres du sergent de semaine, de faire exécuter toutes les batteries du service journalier.

An arrivant au poste, il reconnaît les ustensiles, registres, consignes du corps-de-garde, le matériel d'incendie ; s'il trouve quelque objet en mauvais état, il en rend compte immédiatement à l'officier de semaine.

Il numérote les hommes de la garde pour déterminer l'ordre de faction suivant la liste de service ; il désigne deux sapeurs par la gauche de la liste et les change toutes les deux heures.

Le sapeur, chargé d'aller au feu comme chef, est désigné par l'officier de semaine; c'est toujours le plus ancien sapeur ou le plus intelligent.

Le matin, le portefeuille (contenant le rapport journalier) sera porté à l'état-major, et rapporté par le sapeur faisant fonctions de chef. Ce sapeur, en rentrant au quartier, remettra le portefeuille à l'aide-fourrier.

A midi, le portefeuille (contenant le rapport des chefs de poste de la garde descendante) sera porté à l'état-major par l'homme de garde ayant le n° 4; il sera rapporté par l'homme du souper et remis au sergent de semaine.

En conséquence, le caporal de garde veillera à ce que le sapeur faisant fonctions de chef et celui ayant le n° 4 soient prêts à partir pour l'état-major, savoir:

Le premier, à 7 heures du matin, en été, et à 8 heures en hiver; le second à midi, été comme hiver, et il aura soin de leur donner, au moment du départ, la consigne ci-dessus.

Surveillance de la tenue de la troupe.

Il est chargé spécialement de surveiller la tenue; il ne laisse sortir aucun caporal et soldat que dans la tenue prescrite. Afin de pouvoir exercer cette surveillance, il exige que tous passent par le corps-de-garde de police.

Etrangers au quartier.

Lorsqu'un étranger se présente pour entrer au quartier, pour y visiter un officier ou un sous-officier, le caporal le fait conduire par un homme de sa garde, et s'il demande à parler à un caporal ou à un sapeur, il le fait appeler. Il refuse l'entrée aux gens sans aveu, aux femmes qui lui paraissent suspectes, aux hommes ivres, aux marchands et brocanteurs.

Salles de discipline.

A l'appel du soir, il accompagne le sergent de semaine

pour faire sortir les détenus qui ont terminé leurs punitions ; il s'assure du nombre des détenus restants, et reçoit du sous-officier les clefs des salles de discipline ; il veille, pendans ses rondes de nuit, à ce que les détenus n'aient aucune communication avec les sapeurs ; il s'assure que les lampes brûlent bien, et tient note de celles qui seraient éteintes et de l'heure de l'extinction, afin d'en rendre compte au rapport.

Il conduit à la salle de police les hommes qui sont en retard de plus de deux heures à l'appel du soir, ou ceux qui rentrent après minuit, ayant permission jusqu'à onze heures.

Il accompagne le sergent de semaine pour faire sortir de la salle de police, après l'appel du matin, les hommes qui doivent être mis en liberté ; il rend à ce sous-officier les clefs qui lui ont été confiées pour la nuit.

Devoirs après la retraite.

A l'appel du soir, il ferme la porte du quartier et garde la clef sur lui, afin de ne pas la chercher lors d'un avertissement de feu qui nécessiterait le départ des pompes.

Pendant la nuit, il fait des rondes dans les cours pour voir si tout est tranquille.

Après l'appel, les caporaux et les soldats ne peuvent plus rentrer sans se présenter au caporal, qui retire leurs permissions.

Secours du chirurgien.

Le caporal remet au chirurgien, lorsque celui-ci vient le matin faire sa visite au quartier, le billet que le sergent de semaine a déposé au corps-de-garde.

Si, dans la nuit, il est averti que quelqu'un ait besoin de prompts secours, il envoie aussitôt appeler le chirurgien-major ou un de ses aides par un homme de garde intelligent, et avertit l'officier de semaine.

Si la distance à laquelle le chirurgien demeure peut occasioner un retard fâcheux, il fait appeler de suite un médecin ou un chirurgien du quartier.

(*Voir au caporal de chambrée, dans les devoirs au lever.*)

La garde défère aux réquisitions de l'autorité.

Il fait marcher une partie de la garde, sur la réquisition des officiers de police judiciaire et civile, et même des habitants, lorsqu'il s'agit de rétablir l'ordre et d'arrêter ceux qui le troublent dans le voisinage. Dans aucun cas il ne marche lui-même et ne dégarnit son poste de plus de trois hommes.

Les individus arrêtés sont conduits au poste de ville le plus rapproché, les sapeurs devant ne rester absents du quartier que le moins possible.

Registre des rapports journaliers.

Il y a, dans chaque corps-de-garde de police, un registre destiné à l'inscription des consignes qui doivent durer plusieurs jours, des entrées et des sorties des salles de police, des rentrées au quartier après l'appel ou après les heures portées sur les permissions ; des détachements des divers théâtres, des rondes, des patrouilles et des évènements qui doivent être mentionnés au rapport.

Sur ce registre, le caporal inscrit toutes les demandes de permissions.

Ce registre est signé par le caporal et remis au sergent-major au réveil ; le sergent de semaine le vise, l'officier de semaine l'arrête le dimanche.

L'indication du logement des officiers du corps et des chirurgiens est inscrite en tête de ce registre, ainsi que la demeure des commissaires de police du quartier, des agents des eaux.

Le capitaine y mentionne les changements à mesure qu'ils surviennent.

Devoirs pour l'incendie.

De jour ou de nuit, lorsque le caporal est averti pour un feu de cheminée, il fait partir sur-le-champ trois hommes de sa garde. Le sapeur qui a été désigné pour faire les fonctions de caporal de pose est chef; celui-ci fait prévenir le commissaire de police, et, après l'extinction du feu, prend les notes nécessaires à la rédaction du rapport, qu'il remet, le lendemain, à l'officier de semaine, à la descente de sa garde.

Si l'avertissement a lieu de jour, il considère comme consignés, tous les hommes qui se trouvent à la caserne au moment de l'avertissement, ainsi que ceux qui peuvent rentrer après, et il ne laisse sortir personne que sur l'ordre de l'officier de semaine. Il sonne dans toutes les chambrées, chez les officiers et sous-officiers, afin que les hommes de piquet se portent immédiatement aux pompes qui leur auront été désignées, et que les autres se tiennent prêts à partir en cas de besoin.

Les hommes qui rentreront à la caserne y seront consignés à la disposition de l'officier ou du sous-officier pour être employés, s'il y a lieu, à transporter du matériel au lieu de l'incendie.

De jour, si l'avertissement a lieu à l'heure des exercices ou des repas, il fait partir les hommes de sa garde si l'incendie est rapproché, autrement il se borne à sonner comme il vient d'être dit, et fait préparer le matériel par les hommes de sa garde; le départ n'a lieu que par les ordres de l'officier de semaine.

De nuit, si l'avertissement fait connaître un incendie dans un quartier rapproché de la caserne, et pour l'extinction duquel il n'y a pas encore de secours, le caporal de garde fait partir de suite une pompe avec trois hommes de sa garde, et, aussitôt qu'il a ordonné le départ, il sonne les escouades qui doivent marcher au feu, il sonne aussi chez les officiers et sous-officiers; il rend compte de l'avertissement à l'officier de semaine et reçoit ses ordres ; il fait allumer les flambeaux et préparer le matériel ; le deuxième départ n'a lieu que sur les ordres de l'officier qui remplace celui de semaine.

Si l'avertissement de nuit fait connaître un incendie dans un quartier éloigné, ou si l'on est averti de la présence d'un poste, la garde ne sort pas : le caporal sonne les escouades qui doivent marcher ; les hommes descendent promptement et se placent aux postes qui leur ont été assignés lors de l'appel du soir ; pendant ce temps, les sapeurs restés au poste allument les flambeaux et sortent le matériel qu'ils placent dans la cour, les flèches tournées vers la porte et dans l'ordre suivant : l'escouade armée en tête d'une pompe, ensuite un tonneau, puis une deuxième pompe et un deuxième tonneau ; la porte de la caserne n'est ouverte que sur l'ordre de l'officier qui prend le commandement du détachement.

La personne qui a fait l'avertissement doit, dans tous les cas, accompagner la première pompe.

Si la pompe part avant que l'officier de semaine ne soit averti, le caporal de garde doit prendre, sur la nature de l'incendie et sa position, tous les renseignements nécessaires à l'officier de semaine ; dans l'autre cas, il présente à l'officier de semaine la personne qui a fait l'avertissement.

Sur l'avertissement qu'un poste de ville est à un feu pour lequel la pompe a manœuvré, sans qu'il soit besoin d'autres secours, le caporal de garde monte chez l'officier de semaine avec la personne qui a fait l'avertissement, pour que cet officier prenne quelques détails, et se fasse conduire par cette personne au lieu de l'incendie.

Devoirs du caporal de garde dans un poste de ville.

Le caporal de garde dans un poste de ville doit, en sortant de la caserne, suivre le détachement dont il fait partie jusqu'à l'endroit où il doit le quitter pour se rendre à son poste ; il ne souffre pas que les hommes s'écartent en route ou prennent un autre chemin.

En arrivant au poste, il reçoit du caporal descendant toutes les consignes particulières du poste ; il visite avec lui le matériel, s'assure que la pompe est bien garnie de tous ses agrès, que le tonneau est plein et garni de ses bricoles, que la hache et le cordage pour les feux de cheminées, ainsi que le flambeau, sont au poste.

Ensuite il visite le mobilier, et s'assure qu'il est en bon état et conforme à l'état qui doit être affiché dans le poste. Si quelques parties du matériel ou du mobilier manquent, il doit le faire certifier par le caporal descendant et le porter sur son rapport à la descente de sa garde.

La garde descendante ne doit quitter la tenue de feu que lorsque cette tenue a été prise par la garde montante.

Après la visite faite, le caporal et les deux sapeurs retirent la chenille de leurs casques qu'ils accrochent sur le bord de la tablette, et placent leurs ceintures à côté de leurs casques sur cette même tablette ; ils suspendent leurs sabres au porte-manteau, dessous la capote, et se mettent en veste et bonnet de police. Le caporal désigne son premier et son deuxième servant, afin de ne pas hésiter lors d'un avertissement de feu.

La garde descendante doit se rendre directement à la caserne et par le chemin le plus court ; en arrivant, le caporal se rend au bureau du sergent-major, pour y faire son rapport.

Les hommes de garde restent constamment habillés, afin de ne pas perdre de temps lorsqu'il faut aller au feu.

Le caporal veillera à ce que personne ne s'écarte du poste sous aucun prétexte ; que si les hommes se mettent à la porte du poste, ils soient dans une tenue propre, boutonnés et colletés ; il doit en tout donner l'exemple par lui-même.

A la nuit, le caporal a soin de faire ranger les bancs et autres objets qui pourraient intercepter le passage de la pompe ou du tonneau; il veille à ce que les hommes ne quittent aucune partie de l'habillement, afin que rien ne puisse retarder le départ.

De jour ou de nuit, lorsqu'un officier ou un sous-officier se présentera en ronde, le premier des trois qui l'apercevra devra crier : *A vos postes!* Alors les trois hommes doivent se lever et prendre la tenue comme pour aller au feu; se placer sur un rang auprès du lit de camp, et la ronde en passe l'inspection si elle le juge convenable.

Quand un poste est averti pour un incendie, il doit s'y rendre aussi vite que possible, se faisant accompagner par la personne qui fait l'avertissement. Si c'est pour un feu de cheminée, le premier servant prend la hâche, le deuxième servant le cordage.

Pour tous les autres feux, on doit sortir avec la pompe et se faire suivre par le tonneau, lorsqu'on peut trouver des gens de bonne volonté pour le conduire. Pour un feu de cave, on doit de plus se munir de l'appareil; et, de jour ou de nuit, emporter un flambeau.

Quant à la manière d'opérer dans les différents incendies, le caporal se conformera aux instructions données ci-dessus, et dont il doit avoir une parfaite connaissance; les sapeurs, comme premier et deuxième servants, mettront en usage les leçons qu'ils reçoivent dans les casernes.

Nota. Toutes les fois que l'on devra sortir avec la pompe, le caporal devra faire le commandement : *à vos postes!* Les deux servants se placeront à la flèche comme il est dit à la première leçon de la manœuvre, et une fois sorti du poste, on prendra le pas de course; la nuit le flambeau sera allumé, et le caporal le portera jusqu'au lieu de l'incendie.

Aussitôt que le chef a établi sa pompe et qu'il a reconnu la nécessité de la mettre en manœuvre, il envoie son deuxième servant à l'état-major ou à la caserne la plus rapprochée pour donner promptement des renseignements positifs sur l'incendie ; il envoie prévenir le commissaire de police du quartier pour toute espèce de feu.

Si le caporal ne peut détacher un de ses servants, sans nuire à l'action des secours, il s'adresse au chef de la garde de police pour le prier de faire avertir à la caserne la plus rapprochée ou à l'état-major ; s'il n'y a pas de garde de police, ou qu'un poste arrive avant que l'ordonnance de la garde de police ne soit partie, le chef de ce deuxième poste envoie rapidement son deuxième servant pour faire l'avertissement ; et enfin, si dans le premier quart-d'heure la garde de police ou un poste de sapeurs-pompiers ne sont pas arrivés, le caporal doit chercher dans la foule un homme qui aille avertir à la caserne la plus rapprochée ou à l'état-major, et auquel il peut promettre un franc de commission qui sera payé par l'officier ou l'adjudant de semaine.

Lorsqu'un chef de poste, arrivant sur le lieu d'un incendie, y trouvera les hommes d'un autre poste, il devra se retirer de suite, à moins que le chef arrivé le premier ne réclame son aide.

Si les hommes arrivant ont besoin de repos, ils ne devront pas le prendre sur le lieu de l'incendie, mais seulement lorsqu'ils seront éloignés de la foule.

Toutes les fois qu'une pompe aura été mise en manœuvre, l'établissement ne sera démonté, et le poste ne se retirera que sur l'ordre d'un officier du corps.

Les renseignements sur la nature du feu, etc., seront donnés par le chef qui sera arrivé le premier ; les autres indiqueront seulement sur leur rapport, l'heure de leur départ, le lieu de l'incendie, l'heure de leur rentrée et s'ils ont participé à l'extinction du feu.

Les rapports pour les incendies sont remis, le matin, à l'ordonnance envoyée par l'officier qui a été au feu ; ceux de feux de cheminées sont remis à l'officier de semaine, à la garde descendante.

HISTORIQUE DES THÉATRES.

___

GRAND-OPÉRA.

L'opéra fut joué pour la première fois au Jeu de Paume, rue Mazarine, en 1671. En 1672, il fut construit un théâtre de l'opéra, rue de Vaugirard, aù Jeu de Paume. En 1673, le roi céda la salle du Palais-Royal, où était le Théâtre-Français, pour en faire la salle de l'Opéra. Pendant près d'un siècle elle a eu cette destination. Cette salle fut brûlée le 6 avril 1763 ; elle fut reconstruite et rendue au public le 26 janvier 1770 ; elle fut de nouveau incendiée le 8 juin 1781. Après ce nouvel accident, l'Opéra fut transporté là où est aujourd'hui le théâtre de la Porte-Saint-Martin, et il y joua pendant dix ans. En 1791, l'Opéra fut transporté dans la rue Richelieu, en face de la Bibliothèque, dans la salle construite par Mlle Montansier ; il occupa cet emplacement jusqu'à l'assassinat du duc de Berry, consommé le 12 février 1820, à la sortie de ce spectacle. Ce théâtre fut démoli après cet évènement, et l'Opéra fut transporté, le 18 août 1823, dans la salle construite à cet effet, rue Lepelletier, où il est encore aujourd'hui, 1850.

THÉATRE-FRANÇAIS.

Le Théâtre-Français jouait dans la salle du Palais-Royal, construite par Richelieu ; il occupa cette salle jusqu'à la mort de Molière, en 1673, époque où elle fut donnée à Lully pour y jouer l'opéra, qui continua à y donner ses représentations jusqu'en 1781, époque à laquelle elle fut incendiée. Pendant ce temps, les comédiens français s'établirent d'abord rue Guénégaud, et plus tard, en 1688, ils allèrent rue des Fossés-St.-Germain-des-Prés ; la Comédie Française resta dans ce quartier jusqu'en 1789. En 1787, on construisit le théâtre actuel, situé rue Richelieu, à l'entrée du Palais-Royal, et depuis 1790, jour de son ouverture, la Comédie Française l'a toujours occupé.

THÉATRE ITALIEN.

Le Théâtre Italien fut introduit à Paris en 1570, mais il ne put s'installer sérieusement; ce ne fut qu'en 1659 que le cardinal Mazarin fit venir une troupe bien composée, qui joua hôtel de Bourgogne, rue Mauconseil. Il donnait des comédies, des tragédies et des farces. Mme de Maintenon la fit exiler pour avoir voulu jouer une pièce intitulée : *la Fausse Prude*. Le régent fit revenir plusieurs de ces acteurs, entr'autres Dominique et Vincentini, dit Thomassin, célèbres arlequins.

La comédie italienne fut remplacée par l'Opéra italien en 1645. En 1789, Monsieur, comte de Provence, fit jouer l'Opéra italien aux Tuileries, puis on éleva un théâtre rue Feydeau, qui prit le nom de Théâtre de Monsieur, et où on installa la troupe italienne. En 1801, l'Opéra italien fut joué sur le théâtre de la Victoire; en 1811, il fut joué dans la salle Favart, que l'Opéra-Comique avait abandonnée. En 1813, il fut transporté salle Louvois; en 1814, il fut installé à l'Odéon. En 1825, le théâtre Favart fut acquis par la liste civile, et on y plaça le Théâtre italien; cette salle ayant été incendiée le 18 janvier 1838, les artistes allèrent jouer quelque temps au Théâtre de la Renaissance, puis à l'Odéon, où ils restèrent jusqu'en 1841; enfin ils furent se fixer salle Ventadour, où ils sont encore aujourd'hui.

THÉATRE DE L'ODÉON.

Ce théâtre n'a jamais eu une destination fixe; tous les genres y ont été joués successivement par les meilleurs acteurs anciens et contemporains. Il fut bâti en 1782, et incendié en 1806. En 1807, il fut reconstruit sous le titre de Théâtre de l'Impératrice ; en 1814, il devint le second Théâtre-Français. Incendié de nouveau le 20 mars 1818, il fut rouvert au public ; on y joua, depuis et de nouveau, successivement tous les genres, comme cela avait déjà eu lieu. C'est le théâtre le plus monumental de la capitale.

THÉATRE VENTADOUR.

Ce théâtre fut construit en 1823, et c'est le plus monumental après l'Odéon. Il était destiné, dans son origine, à l'opéra-comique ; mais la salle ne fut pas trouvée assez sonore, et les artistes l'abandonnèrent en 1831. La troupe nautique l'exploita ensuite ; mais la fermeture eut bientôt lieu, et dura jusqu'en 1838, époque où les Italiens vinrent s'y établir momentanément après l'incendie qui dévora Favart. Dans la même année, il redevint Théâtre de la Renaissance, et ferma un an après, en 1839. Depuis 1841, le Théâtre Italien y est installé, et la salle a été restaurée très-élégamment.

THÉATRE DE L'OPÉRA-COMIQUE.

L'Opéra-Comique date de 1714 ; la troupe jouait en plein air. Plus tard il prit de l'extension, excita la jalousie des comédiens ordinaires du roi, et fut fermé. Il rouvrit en 1724, et fut refermé en 1745, puis rouvert en 1750 ; il devint le spectacle à la mode. En 1762, il s'installa à l'hôtel de Bourgogne, et y resta jusqu'en 1783. De là, il alla boulevart des Italiens, salle Favart. En 1790, il alla rue Feydeau, En 1826, ce théâtre fut démoli et remplacé par le théâtre de la Bourse, dit des Nouveautés, où joua l'Opéra-Comique. Il alla ensuite pendant quatre ans dans la salle Ventadour ; en 1834, il revint à la Bourse, et enfin, en 1838, après l'incendie de Favart, ce théâtre fut relevé sur de nouvelles bases et affecté à l'Opéra-Comique. C'est la plus coquette des salles de Paris, et celle où l'on est le mieux assis et le plus à l'aise.

THÉATRE DU VAUDEVILLE.

Le Vaudeville fit son premier début le 12 janvier 1792, rue de Chartres, dans une salle élevée par l'architecte Lenoir, sur l'ancien emplacement du Wauxhall. On y jouait des pièces grivoises, le vaudeville patriotique, la comédie mêlée de chants et le drame historique. En 1816, il fut dirigé par Désaugiers; mais le théâtre du Gymnase, dirigé par M. Poirson, et qui s'éleva alors, lui enleva ses meilleurs acteurs et lui porta un rude coup. Le Vaudeville passa sous la direction de M. Bérard. Quelques années après, on replaça à la tête de ce théâtre, Désaugiers, mais il mourut le 9 août 1827. Jusqu'en 1829 le Vaudeville fut sous la direction de MM. Guerchy et Bernard Léon ; en 1830, il passa entre les mains de M. Arago, sous le titre de Théâtre national, et eut une grande vogue. En juillet 1838 il fut incendié ; la troupe fut jouer au petit théâtre du Café-Spectacle, boulevard Bonne-Nouvelle, où il resta 18 mois, et de là il revint place de la Bourse, où il est encore en 1850.

GYMNASE.

Le théâtre du Gymnase, situé boulevart Bonne-Nouvelle, fut construit en 1820 et ouvert la même année; on n'y joua d'abord que la comédie et l'opéra-comique; plus tard, on y joua le vaudeville. Le 6 septembre, même année, il prit le titre de Théâtre de Madame, et eut une grande vogue au détriment du Vaudeville, dont il accapara les meilleurs acteurs.

VARIÉTÉS.

Le théâtre des Variétés date de 1789; il fut créé par Mademoiselle Montansier, et était situé au Palais-Royal. C'est sur ce théâtre que débuta Mademoiselle Mars. En 1793, il prit le nom de Théâtre-de-la-Montagne; il reprit son premier nom en 1795. C'est en 1798 que Brunet y fit ses débuts et y attira la foule. En 1807, ce théâtre fut expulsé du Palais-Royal par ordre de l'Empereur, par suite de la jalousie que sa prospérité occasionait aux théâtres royaux, les Français et l'Opéra-Comique. Les Variétés jouèrent quelques mois dans la Cité, et furent s'installer définitivement boulevart Montmartre. Ce théâtre ouvrit le 24 juin 1807.

THÉATRE DU PALAIS-ROYAL.

Après que le théâtre des Variétés eut quitté le Palais-Royal, en 1807, pour aller se fixer boulevart Montmartre, la salle Montansier reçut les danseurs de corde Forioso et Rayel. Plus tard, les quadrupèdes savants y donnèrent des représentations. Ensuite cette salle devint un café, et, peu à peu, on y chanta des ariettes, puis des scènes détachées, puis des vaudevilles, à deux et trois acteurs au plus. Enfin, en 1830, cette salle fut reconstruite d'après les conditions voulues par les ordonnances de police; elle ouvrit le 6 juin 1831, et depuis elle prospère beaucoup sous la direction de M. Dormeuil.

THÉATRE DE LA PORTE-SAINT-MARTIN.

Ce théâtre fut construit en 1781 pour recevoir le Grand-Opéra, et ouvrit le 1er octobre. L'Opéra y resta jusqu'en 1793, et quitta cette salle pour aller s'établir rue Richelieu, en face de la Bibliothèque. Alors la salle St.-Martin devint Théâtre des Jeux gymnastiques, et ouvrit le 1er janvier 1810. Ce genre cessa en 1814, et on joua, sous la direction de M. St.-Romain, la *Pie voleuse* et autres drames. Ce théâtre alla toujours en déclinant sous les directeurs Lefebvre, Deserre, Montgenet, Harrel. Enfin ce théâtre, exploité aujourd'hui par les frères Coignard, s'est relevé et marche, comme beaucoup d'autres, sous une bonne administration.

AMBIGU-COMIQUE.

L'Ambigu-Comique fut construit par Nicolas-Médard Audinot, auteur et acteur italien, boulevart du Temple; il ouvrit le 9 juillet 1769. Les acteurs qu'on vit d'abord sur ce théâtre furent des marionnettes; à ces marionnettes succédèrent des enfants qui jouaient si bien que tout Paris allait les voir, et que la cour de Louis XV les visita. A ces enfants succédèrent de grandes personnes. En 1792, ce théâtre passa en d'autres mains moins habiles, marcha mal ; enfin, en 1827, le 14 avril, il fut consumé, et ce qu'il y eut de singulier, c'est que ce jour était l'anniversaire de la mort de son fondateur. Après cet incendie, l'Ambigu-Comique fut réédifié à l'angle de la rue de Bondy et du boulevart Saint-Martin, et inauguré le 7 juin 1820.

THÉATRE DE LA GAITÉ.

Le Théâtre de la Gaîté fut le premier théâtre construit sur le boulevart du Temple, il fut fondé en 1780, par Nicolet ; il prit le titre de théâtre des Grands Danseurs du Roi. On y représentait des pantomimes, on y faisait voir des animaux savants. Plus tard, on y joua de petites pièces de la composition du spirituel Taconet. Dans les entr'actes, on dansait sur la corde d'une manière surprenante pour l'époque. On faisait des parades, etc. A la révolution, il prit le titre de Théâtre de la Gaîté. Ce théâtre fut brûlé le 21 février 1835, à l'heure de midi ; le feu y prit pendant la dernière répétition d'une pièce féerie intitulée *Bijou* ou l'*Enfant de Paris ;* celui qui faisait les éclairs lança dans les frises un morceau de l'étoupe qui renfermait l'esprit-de-vin, et en cinq minutes le feu avait envahi toute la salle. Plusieurs personnes y périrent, entre autres le sapeur Beaufils, qui ne voulut pas quitter son poste avant d'avoir fait tout ce qui était en son pouvoir pour réprimer l'incendie, et qui ne put se retirer ; on le trouva brûlé à son poste.

Bernard Léon fit reconstruire ce théâtre sur le même emplacement, et il ouvrit de nouveau le 19 novembre 1835.

THÉATRE DU CIRQUE-OLYMPIQUE.

Quelques années avant la révolution, un anglais, nommé Astley, importa en France l'exercice de la voltige sur les chevaux, et en fit un spectacle. Franconi fit construire un cirque au Faubourg-du-Temple, et succéda à Astley ; il ajouta aux exercices d'adresse sur les chevaux, des parades à deux interlocuteurs et des pantomimes. Plus tard on ajouta au Cirque un théâtre sur lequel on joua des pantomimes à grand spectacle. Ce théâtre fut ensuite transporté rue des Capucines, puis rue du Mont-Thabor, en 1807. Le 8 novembre 1809, ce théâtre fut réinstallé Faubourg-du-Temple. Dans la nuit du 15 au 16 mars 1826, cet établissement fut dévoré par un incendie. Le 31 mars 1827, le théâtre fut reconstruit sur une plus grande échelle boulevard du Temple, et on y joua des pièces nationales d'une grande pompe, où les hommes et les animaux rivalisaient de force, d'adresse et d'intelligence. Les décorations surtout devinrent surprenantes. En 1835, Franconi fit construire un cirque en bois dans les Champs-Élysées, mais pour les exercices d'équitation seulement. Le nouveau directeur, M. Dejean, homme intelligent et excellent administrateur, a supprimé, en 1841, les exercices du cirque au théâtre du boulevart du Temple, on n'y joue plus que des pièces à grand spectacle ; mais aussi il a fait remplacer le cirque en bois des Champs-Élysées par un superbe monument en pierre et comble en fer, qui n'a pas coûté moins de 700,000 francs ; c'est le plus beau et le plus élégant établissement de ce genre qui existe en Europe.

FOLIES DRAMATIQUES.

Ce théâtre fut construit sur l'emplacement de l'Ancien Ambigu-Comique, et fut inauguré le 22 janvier 1831. On y joua d'abord des prologues, de petits mélodrames ; on y joue maintenant tous les genres comme au Palais-Royal, dont ce théâtre est un diminutif.

THÉATRE DES FUNAMBULES.

Ce théâtre a été construit en 1812, on y chantait en même temps qu'on y dansait sur la corde et qu'on y faisait des tours de physique. En 1814, on y joua des pantomimes à plusieurs personnages. Plus tard, les personnages eurent la permission de parler. Depuis 1830, il a été remis dans un meilleur état, et on y joue tous les genres.

THÉATRE SAQUI OU ACROBATES.

Ce théâtre fut construit en 1812 : on l'appelait Café-Spectacle d'Apollon. En 1816, il devint théâtre pour les danseurs de corde et les pantomimes. En 1823, il fut fermé par ordre supérieur, et s'ouvrit de nouveau, après amélioration dans les constructions, pour jouer les mêmes genres. Depuis 1830, on y joue le vaudeville et le drame.

THÉATRE LAZARY.

Ce théâtre fut construit en 1824. On y jouait les marionnettes et on y voyait des optiques. En 1831, on a changé la construction, et, depuis cette époque, on y joue le vaudeville.

THÉATRE DE LA PORTE-SAINT-ANTOINE.

Ce théâtre fut construit en 1834, mais on ne sait pour quel motif il n'a pu réussir, bien qu'il n'y ait que lui sur le boulevard Beaumarchais, quartier populeux.

THÉATRE SAINT-MARCEL.

Ce théâtre fut construit en 1838, dans la rue Pascal, sur les bords de la Bièvre. Quoique ce quartier soit populeux et très-éloigné de tous les théâtres de la capitale, il n'a pu attirer le public, et il reste fermé les trois-quarts de l'année.

THÉATRE DU PANTHÉON.

Ce théâtre fut construit en 1835, dans l'ancienne église du cloître St-Benoît, rue St-Jacques. Il n'a, jusqu'à ce jour, joué que par moments ; le quartier, cependant fort populeux, ne s'y est jamais porté avec assiduité.

THÉATRE DES JEUNES ÉLÈVES.

Ce théâtre était situé autrefois dans le passage des Panoramas, sous la direction de M. Comte. On y fit jouer d'abord les marionnettes, puis on y fit en même temps des exercices de prestidigitation et de physique.

En 1836, M. Comte le transporta passage Choiseul, et lui donna plus d'extension, il fit jouer des petites pièces par des enfants ; on y joue maintenant de jolies petites comédies et des vaudevilles pour les enfants.

THÉATRE DU LUXEMBOURG.

Ce théâtre fut construit en 1800 environ, à l'entrée du Luxembourg, rue de l'Ouest, sous le titre de Théâtre Bobinot ; on y jouait des parades et des farces ; il y avait deux et trois représentations par jour. En 1827 environ, on y joua la comédie et la tragédie, avec deux interlocuteurs seulement. En 1830, on y joua tous les genres, et, en 1833, le directeur fit augmenter les constructions.

THÉATRE JOLY.

Ce théâtre fut construit le 30 janvier 1829, dans le passage de l'Opéra ; on y joua d'abord les marionnettes. Depuis 1838 on y a fait jouer la comédie par des enfants, comme chez M. Comte.

Cet établissement a été incendié en 1843, et comme il ne vivait que par tolérance, il ne sera pas reconstruit, attendu que sa position le rendrait fort dangereux.

APPENDICE.

MODIFICATIONS OPÉRÉES DANS L'ASSEMBLAGE ET LA FORME DE QUELQUES PIÈCES DE LA POMPE, SANS QUE LE PRINCIPE ET LA MANŒUVRE AIENT SUBI LE MOINDRE CHANGEMENT.

Les corps de pompe, au lieu d'être formés de deux parties cylindriques réunies par une vis, n'ont qu'un seul cylindre terminé à la partie inférieure par une plaque cylindrique percée et destinée à empêcher la soupape de toucher sur la plate-forme. Cette plaque est jointe au cylindre par quatre boulons ; un cuir est interposé entre les deux cuivres pour rendre la jonction plus parfaite. La partie inférieure des anciens cylindres, qu'on appelait culasse et qui était percée de trous pour tamiser l'eau, a donc été supprimée.

Les tuyaux latéraux, au lieu d'être élevés d'un décimètre (3 pouces 9 lignes) au-dessus de la plate-forme, font eux-mêmes partie de la base du système, ainsi que le tuyau de sortie. Il n'y a plus de soudures ; les pièces ne s'assemblent plus l'une sur l'autre à vis, mais elles sont réunies par des boulons à vis ; un cuir se trouve toujours interposé entre elles pour que la jonction soit plus parfaite. L'ensemble de ce système est plus simple et plus solide.

Pour que la position que doit occuper cet assemblage dans la bâche soit invariable, et que le montage soit facile, on a donné à la plate-forme (qui n'était autrefois qu'une planche sur laquelle étaient fixés de grands boulons de l'entablement), la forme d'une petite caisse à un seul fond, sur laquelle sont trois compartiments, un au milieu pour le récipient, deux pour les corps de pompe. Le fond de cette caisse est percé de très-petits trous pour laisser arriver l'eau aux soupapes des cylindres; de huit trous un peu moins petits pour recevoir l'extrémité des boulons qui réunissent les parties du cylindre, et enfin de quatre gros trous pour recevoir les boulons de la bâche qui traversent le cuivre et sont rivés en dessous.

Les trous de l'entablement qui reçoivent le haut des cylindres sont garnis en cuivre, pour que la jonction soit toujours parfaite.

Les pistons sont garnis de guides pour que, dans une manœuvre forcée et longue, les verges des pistons ne risquent pas d'être faussés, et que les mouvements soient plus faciles.

L'avantage de ces nouvelles dispositions sur celles généralement en usage, est : 1° que les conduits latéraux étant au point le plus bas, toute la course des pistons est utilisée; ce qui améliore la manœuvre; 2° que la soupape de la culasse étant plus près du fond de la bâche, il reste au fond de ce réservoir très-peu d'eau non utilisée; tandis qu'auparavant il en restait 40 litres qui ne pouvaient être aspirés; 3° qu'une manœuvre forcée est plus assurée.

FIN.

TABLE DES MATIÈRES.

FIN DE LA TABLE DES MATIÈRES.

BAR-SUR-SEINE. — IMP. DE SAILLARD.